申报世界文化遗产系列丛书

The Ancient
and Famous Trees at Gulangyu

鼓浪屿古树名木

刘海桑　著

中国林业出版社

图书在版编目（ＣＩＰ）数据

鼓浪屿古树名木 / 刘海桑著.
——北京：中国林业出版社，2013.2
ISBN 978-7-5038-6926-6

Ⅰ．①鼓… Ⅱ．①刘… Ⅲ．①树木－介绍－厦门市
Ⅳ．①S717.257.3

中国版本图书馆CIP数据核字(2013)第008802号

出版发行：中国林业出版社（100009 北京市西城区刘海胡同7号）

E－mail：cfphz@public.bta.net.cn

印　　刷：北京顺诚印刷有限公司

版　　次：2013年3月第1版

印　　次：2013年3月第1次

开　　本：889mm×1194mm　1/16

印　　张：8

字　　数：250 千字

定　　价：88.00 元

《鼓浪屿古树名木》编写领导小组

顾　问

郑国珍

组　长

曹　放

副组长

叶细致　郑惠生

成　员

侯卫群　詹艳清　徐晋民

林文德　林　晞　刘海桑

"鼓浪屿申报世界文化遗产系列丛书"序

碧波荡漾的厦门湾，浮现着方圆不到2平方千米的小岛，引吭鼓浪于九龙江道口，在风云百年的中国近现代苍桑岁月中，见证着社会变革，铭刻着历史的印记，这就是闻名遐迩的魅力之岛"鼓浪屿"。

和着中国近现代特殊时空的音符，鼓浪屿以其固有的地理位置，美丽的岛屿环境，承载了外来文化与本土文化的汇聚，融化了中外文化的碰撞与价值观的交流，迅速发展成为多元文化影响下具有优美环境的近代居住区，并真实而又完整地保留在现有的文化遗产中。

民族英雄郑成功在此留下的斑斑史迹，传统村落凝聚着的闽南文化的积淀……体现了鼓浪屿文化的根。

五口通商，厦门开埠，鼓浪屿迎来了阵阵寒意的同时，吸纳了来自十几个发达国家的多元文化与自我更新后不断升华的本土文化，演绎出浓郁的异国风情与升华的本土文化和平共存的特殊局面。从闽南传统式建筑，到外廊殖民地式建筑、西方古典复兴式建筑、早期现代风格式建筑，最终至吸纳外来及本土不同文化之元素、建筑技术与工艺特点而形成的厦门装饰风格式建筑，在鼓浪屿缤彩纷呈，是这多种文化共存局面的真实写照。中国近现代式早期城市在此萌芽、成长，道路网络与市政设施应运而生，传统社会形态受近现代建筑与公共设施等各种外来文化的融入在此向新社会形态转变……构

成了鼓浪屿多元文化的源。

正是鼓浪屿这种民族的根、多元文化的源，及其在近百年间的融汇发展，产生了"鼓浪屿文化现象"，造就了一批又一批为社会做出卓越贡献的精英群体，涌现出使汉语摆脱了之乎者也进入白话时代的语言学家，将体育运动推上现代教育殿堂的体育家，"两脚踏中西文化，一心评宇宙文章"的文学家与世界知名的中西文化传播者，得以名字命名星体的天文学家，获得世界冠军的运动员，饮誉世界的医学家、科学家、音乐家……着实对中国近现代进程产生了难以估量的影响，亦为美丽的鼓浪屿留下了无数的宝藏，增添了无限的魅力。

鼓浪屿文化遗产保存状态显示出的这种真实性、完整性，赋予了其所具有的突出普遍价值。对照《实施世界遗产公约操作指南》第77段，使我们因此认识到，鼓浪屿符合世界文化遗产的第(ii)、(iii)、(iv)、(vi)共4条标准：

一、鼓浪屿在一个狭小但相对独立、完整的岛屿中保存下来的，与周边区域截然不同的整体空间结构、环境特征、风格多样的历史建筑和宅园设计，以及从中反映出的当时的社会结构和文化形态，展示了从19世纪中叶到20世纪中叶一百多年间，以闽南文化为代表的中国传统文化与外来多元文化，在文化、建筑、技术、园林景观方面广泛而深入地交流和融合，符合申报列入《世界文化遗产

名录》的第2条标准。

二、鼓浪屿全方位地展现了一个处于封建社会晚期的传统聚落，在政治、社会、经济、文化、技术等众多层面向具有全球化初期特点的现代社区发展的变革历程，反映出这一进程中外来文化在异域寻求生存，以及本土文化传统在外来文化刺激下自我更新的特殊历史阶段；特别是进入20世纪后，活跃于当地和东南亚的的华侨所表现出的强大创造力，使其成为19世纪末至20世纪中叶亚太地区本土文化传统，受到外来多元文化影响逐步向新社会形态转变，这一普遍时代变革的独特见证，符合申报列入《世界文化遗产名录》的第3条标准。

三、鼓浪屿完整且保存特别完好的城市历史景观在整体空间结构和环境、建筑类型、建筑风格形态、装饰特征方面，使其成为亚太地区甚至世界范围内，在多元文化共同影响下发展、完善的近代居住型社区的独特实例，符合申报列入《世界文化遗产名录》的第4条标准。

四、鼓浪屿与一系列影响中国文化开放和文化进步的本土精英、华侨、台胞，及其相关作品、思想的产生有着直接联系，如林语堂、卢戆章、马约翰等人。他们不仅是向西方社会介绍中国传统文化的早期尝试者，其相关作品突出地体现了东西多元文化的共同影响；而且他们还积极参与当地和东南亚的政治、社会活动，对于该区域多元文化交流与融合具有重要作用，符合申报列入《世界文化遗产

名录》的第6条标准。

这些都充分体现了鼓浪屿不仅是厦门的、福建的文化瑰宝，也是中国的、世界的共同财富，理应受到全世界的认可和保护。今天，我们开始启动鼓浪屿申报列入世界文化遗产名录，正是旨在于寻找国际通用、行之有效的管理模式来保护鼓浪屿这个弥足珍贵、富于诗意的文化之岛，进一步提升鼓浪屿文化品牌，促进海峡西岸经济区建设又好又快发展。

我们深深懂得将鼓浪屿申报列入《世界文化遗产名录》的确任重道远，颇费艰辛，期间必须以务实的态度来挖掘、整理鼓浪屿文化资源，扎扎实实做好基础性工作至关重要。编辑出版"鼓浪屿申报世界文化遗产系列丛书"，籍以汇聚全球各地有关鼓浪屿外文资料的编译，重要史料的选辑，鼓浪屿文化研究的成果，鼓浪屿老照片的编印等，正是从这方面考虑。我们期盼着厦门各学科专家和国内外对鼓浪屿有深入研究的专家的积极参与，真诚地希望有关的专家、读者及关心爱护鼓浪屿的人们多提出宝贵意见、多提供有价值的线索，使我们这套系列丛书能越办越好。

勉以为序。

福建省文物局局长　郑国珍

2009年12月11日于福州

序

在我国城市、农村的寺庙、公园等地，常有生长百年至数百年的古树。如首都北京的天坛和中山公园的侧柏 *Platycladus orientalis* 和圆柏 *Juniperus chinensis*，卧佛寺的银杏 *Ginkgo biloba* 和七叶树 *Aesculus chinensis*，颐和园万寿山的油松 *Pinus tabulaeformis*，团城的白皮松 *Pinus bungeana* 等；江南农村的马尾松 *Pinus massoniana*、柏木 *Cupressus funebris*、樟树 *Cinnamomum camphora*、枫香 *Liquidambar formosana*、苦槠 *Castanopsis sclerophylla*、黄葛树 *Ficus virens* var. *sublanceolata* 等；云南和华南热带地区寺庙等地的榕树 *Ficus microcarpa*、高山榕 *Ficus altissima*、菩提树 *Ficus religiosa* 等。这些古树作为城市、农村人工植被的组成部分，为当地的自然景观增添光彩，同时对当地的生态环境的优化也有重要的意义。因此，对古树的保护应给予特别关注。但是，我国对古树的研究和这方面的著作都较少。

最近，我高兴地了解到厦门华侨亚热带植物引种园园艺中心主任刘海桑博士在这方面进行过深入研究，写出《鼓浪屿古树名木》一书稿。该书稿内容共包括5章：第一章说明研究和保护古树名木的意义；第二章介绍鼓浪屿古树名木的调查方法，以及鼓浪屿古树名木的区系特点等方面，这里与国内其他城市不同，国内多数城市的古树是本国产的，而

鼓浪屿20种古树中有6种是引种自亚洲、非洲和南美洲的热带地区，3种名木则是引种自大洋州和南美洲热带地区；第三章介绍对鼓浪屿古树名木的保护和各方面的工作；第四章介绍20种古树和3种名木的形态特征、地理分布和在鼓浪屿当地的生长状况，并给出这些树种在岛内各生长地点情况的多幅照片；第五章对楝科桃花心木属、南洋杉科南洋杉属、棕榈科枣椰属和蒲葵属、紫葳科火焰树属和豆科合欢属的7个树种的学名进行考证，在查阅了有关原始文献和模式标本之后，改正了过去的错误鉴定，澄清了有关分类学混乱。

本书对鼓浪屿古树名木做出的深入研究，对该岛古树名木的保护做出了重要贡献。对此，我谨向本书作者刘博士表示衷心祝贺，并希望我国拥有较多古树名木的城市也像本书一样进行这方面的研究。

中国科学院院士 王文采

2012年12月14日

前　言

　　古树名木是人类社会发展进程中不可再生的宝贵财富，对其研究、保护具有重要意义。国家林业局于2007年专门发布了全国古树名木普查建档技术规定。厦门市于2008年提出"三岛"建设规划（将鼓浪屿建设成公园之岛、文化之岛、休闲之岛），此后，提出鼓浪屿申报世界文化遗产。2008年8月，"鼓浪屿古树名木、珍奇树木之保育及其旅游资源开发"项目经厦门市鼓浪屿—万石山风景名胜区管理委员会批准立项。参与该项目的有厦门华侨亚热带植物引种园的刘海桑、张舒平、方文杰、明艳林、梁诗、陈清智、池敏杰，厦门大学的王文卿，鼓浪屿游览区管理处的林晞、章维新、蓝淑珍，鼓浪屿市政环卫管理处的钟跃庭，其中，王文卿副教授负责了前期古树调查、土壤测试，高级农艺师方文杰负责了前期的病虫害调查，池敏杰、王文卿负责了叶绿素荧光的测试。本书是对该项目的部分总结。

　　全书共分5章。第一章是古树名木的概况；第二章是鼓浪屿古树名木的调查结果；第三章是鼓浪屿古树名木的保护；第四章介绍鼓浪屿的20种古树和3种名木，其中，对古树的介绍顺序是依照该种古树的数量；第五章是7种古树名木的正名、增补。

　　本书的出版得到了厦门市鼓浪屿—万石山风景名胜区管理委员会和厦门华侨亚热带植物引种园领导的支持；书中部分照片源于：Royal Botanic Gardens，Kew、Missouri Botanical Garden、University of Wisconsin-Madison Libraries、IUCN裸子植物专家组主席A. Farjon博士、J. L. Dowe博士（JCU）、T. D. Pennington博士（K）、毛礼米博士（中国科学院南京地质古生物研究所），在此表示诚挚的感谢。最后，特别感谢中国科学院院士王文采先生在百忙之中为本书提出宝贵建议并作序。

刘海桑

2012年12月20日

目录

第一章

研究和保护古树名木的意义

1.1　古树名木的概念

古树名木是指在人类发展历史中保存下来的年代久远或具有重要科研或文化价值的树木，其中，古树是指树龄为100年及以上的树木，名木是指具有重要影响的中外历代名人、领袖人物所植的具有纪念意义的树木，以及具有重要科研或文化价值的树木。显然，名木未必是古树，古树也未必是名木，但古代名人所植的树必是古树。

1.2　古树名木的分级

古树分为国家一、二、三级，其中，一级古树的树龄不低于500年，二级古树的树龄为300～499年，三级古树的树龄为100～299年[1]。国家级名木均不受树龄限制、不再分级。

1.3　古树名木的四大特征

1.3.1　多元价值性

古树名木是多种价值的复合体。古树不仅具有一般树木所具有

① 该景点门票所称"面积100多平方米"有误。

② 该树的图片见文献 [3] 的彩页部分"棕榈植物配置"。它于1999年10月被强度达14级的9914号台风折断。

③ 该树的图片见文献 [4] 第806至807页，但该文献将其误作 *Phoenix dactylifera*。

④ 这两株古树之一的图片见文献 [2] 的封面。

的生态价值，而且是研究当地自然历史变迁的重要材料，有的则具有重要的旅游价值。例如，西双版纳打洛镇的1株独木成林的高山榕古树（*Ficus altissima* Bl.）成为当地重要景点。此树的树冠面积超过1000m²①，凡去打洛的游客都会参观此树。一些古树还被当地民众视为神树，有特殊的文化价值。

名木既有纪念意义，又有旅游价值。例如，由邓小平同志种植于深圳仙湖植物园的高山榕成为该园的一个重要景点；由邓颖超同志种植于鼓浪屿毓园的诺福克南洋杉 *Araucaria heterophylla* (Salisb.) Franco 和柱状南洋杉 *A. columnaris* (J. R. Forst.) Hook. 则吸引了很多游客驻足留影。

在植物的引种试种中，一个比较好的办法是以植物为参照系[2]。由于古树的生长历史较为久远，将其作为参照系是非常适合的。其中，将一些引自国外的古树作为参照系，就很容易确定该树种是否适合本地区及周边城镇种植。例如，在鼓浪屿（属南亚热带气候）的海边曾有1株高约10m的加那利枣椰古树（*Phoenix canariensis* Chabaud）②；位于福州市区（属中亚热带气候）的福建师范大学生物系老校园中也有加那利枣椰古树③；而位于昆明市区（属北亚热带气候）的云南省卫生学校内的2株加那利枣椰古树④，则历经了包括−8℃在内的数次低温侵袭，故可以确定该树种能用于上述地区的园林造景。又如，鼓浪屿延平公园有1株大叶桃花心木古树（*Swietenia macrophylla* King），至今生长良好，树形优美，故可确定该树种能用于厦门市的园林造景。

1.3.2　不可再生性

古树名木具有不可再生性，一旦死亡，就无法以其他植物来替补，即使古树名木的生态价值可以用种植于同一地点的同种植物来替代，但其历史价值、文化价值是无法弥补的。古树名木的不可替代性是它们应当被重点保护的根本原因。

1.3.3　特定时机性

古树形成的时间较长（至少需要100年），植树者在有生之年，通常无法等到自己所种植的树变成古树，而名木的产生也有一定的机遇性。故无论是古树，还是名木，都不可能在短期内大量生产，具有特定的时机性。

1.3.4 动态性

古树的动态性体现在，一方面，随着树龄的增加，一些古树很可能因树势衰弱、人为因素而死亡、不复存在；另一方面，一些老树随着时间推移则会成为新的古树。故对古树的普查是很有必要的。

1.4 古树名木的八大价值

1.4.1 生态价值

古树的树冠通常较大，在制造氧气、调节温度和空气湿度、阻滞尘埃、降低噪音等方面有较明显的生态价值。有的古树还具有吸收某些有害物质的功能。

1.4.2 经济价值

某些古树可作为杂交育种的亲本，如龙眼 *Dimocarpus longan* Lour.。樟 *Cinnamomum camphora* (L.) Presl（也称香樟）是重要的经济植物和园林植物，古樟能提供大量果实，这些果实可用于育苗、工业或药用。据调查，厦门市早期所植的圆叶蒲葵都是鼓浪屿黄荣远堂别墅的两株圆叶蒲葵的后代。

1.4.3 景观价值

一些古树生长于悬崖峭壁之上，形成一种人工难以造就的自然景观。鼓浪屿福建路32号内的两株圆叶蒲葵 *Livistona rotundifolia* (Lam.) Mart. 与建筑黄荣远堂相得益彰，既体现出别墅之古朴典雅、独特非凡，也体现出古树的劲健秀美，而鲜红的果穗不仅与蓝天交相辉映[5]，更会在金秋时节给人一种丰收喜悦之感（图1-1~图1-

2）。在冬季，这两株古树会将自身的树叶投影到二楼的玻璃窗上，形成美丽的影景。

1.4.4 文化价值

有的古树被赋予人文情怀，如黄山的迎客松、送客松；榕树常被作为长寿的象征；樟代表着吉祥；木棉被称为英雄树、攀枝花，是英雄和美丽的化身；这些古树因此具有特殊的文化价值。闽南地区在

图1-1 硕果累累的圆叶蒲葵古树

Fig.1-1 The ancient tree of *Livistona rotundifolia* with rich fruits.
Photo: H. S. Liu.

图1-1

图1-2

修筑公路时，遇到榕树均绕道而筑。

1.4.5 历史价值

　　某些古树名木与特定的历史时期相联系，例如，深圳福田区等的古荔枝林在抗日战争期间成为当地老百姓躲避日寇的避难所[6]，这些古树便具有独特的历史价值。邓小平同志南巡期间在深圳仙湖植物园种植的高山榕则具有特殊的纪念意义。

1.4.6 科研价值

　　古树可用于当地自然历史的研究，从而了解本地区气候、森林

图1-2　圆叶蒲葵古树与黄荣远堂相得益彰

Fig.1-2 The ancient tree of *Livistona rotundifolia* and Huangrongyuan Building bringing out the best to each other.
Photo: H. S. Liu.

图1-3　鼓浪屿最优美并特别适合留影的古樟

Fig.1-3 The ancient tree G0125 being the most beautiful tree of *Cinnamomum camphora* at Gulangyu and suited to having a picture taken as a souvenir.
Photo: H. S. Liu.

图1-3

植被与植物区系的变迁，为农业生产区划提供参考。在引种中，外来的古树可作为参照系，或直接作为研究材料。

1.4.7 开发价值

一些古树的叶片、果实或种子可以开发成为旅游纪念品，如古菩提树的树叶可以加工成书签。要注意的是在产品开发时，绝对不能影响到对古树的保护。

1.4.8 旅游价值

凡具有特殊观赏价值、文化价值或历史价值的古树名木均有旅游观光价值。如前文所述的西双版纳打洛镇独木成林的高山榕便直接造就了当地一个主要景点。一些古树特别适合留影纪念（图1-3）。迄今为止，国内不少地区的古树的旅游价值尚待挖掘。

1.5 研究、保护古树名木的必要性、重要性和紧迫性

古树名木的多元价值、不可再生性决定了对其保护的必要性、重要性。古树通常因树龄较大而长势趋弱，一旦立地环境恶化或受到人为干扰、破坏，很容易迅速衰弱而死亡。因而，对古树健康诊断、复壮救治进行研究是很紧迫的。

在"鼓浪屿古树名木、珍奇树木之保育及其旅游资源开发"课题组的调查中，发现原登记的鼓浪屿古树名木中有数株的种名鉴定疑似有误。后经反复核对、查找模式标本，确认其应为另一种。鉴定错误的主要原因是所依据的《中国植物志》及此后的《Flora of China》等分类文献有误。因而，相关的分类研究具有重要意义。

第二章

鼓浪屿古树名木的调查

2.1 调查的依据、方法

本次调查参照国家林业局于2007年所发布的《全国古树名木普查建档技术规定》，根据本书作者等于1999年对鼓浪屿植物资源的普查结果[7]和2005年鼓浪屿的古树名木名单进行，对原有登记在册的189株古树以及拟增补的古树名木进行了每木调查。

调查中采用集思宝的征程300GIS数据采集器确定每一株古树名木的经纬度，以避免日后工厂外迁、危房拆除等所致的门牌地址变化而导致地点标注不清。

采用哈尔滨市光学仪器厂的CGQ-1型测高器测量树高。

调查中对原有的以及拟增补的古树名木均建立了档案。档案内容包括种类、编号、地点、经纬度、高度、冠幅、胸围、总体长势（若出现衰弱，则记录衰弱类型）、立地环境（包括土壤、地表铺装、日照条件）、修剪、支撑、引根、人为或机械损伤等。

调查中，对疑似原鉴定有误的古树名木均进行了查证，若遇有《中国植物志》《Flora of China》等分类文献有误的，则查证上述文献的凭证标本以及相关种类的模式标本（见附录），所查标本涉及AU（厦门大学标本馆）、BM（英国自然历史博物馆）、BR（比利时国家植物园标本馆）、CANT（华南农业大学标本馆）、FJSI（福建亚热带植物研究所标本馆）、G（瑞士日内瓦植物标本馆）、HITBC（中国科学院西双版纳热带植物园标本馆）、IBK（广西植物标本馆）、IBSC（中国科学院华南植物园标本馆）、K（英国皇家植物园标本馆）、KUN（中国科学院昆明植物研究所标本馆）、L（荷兰国家植物标本馆）、PE（中国科学院植物研究所标本馆）、SYS（中山大学标本馆）、SZG（深圳仙湖植物园标本馆）。对部分种类进行了光镜、电镜检查、比较。新采集的凭证标本分别存放于AU、IBSC、PE、SZG。

2.2　调查结果

2.2.1　原有记录的古树名木的普查结果

原有记录的古树名木189株，共计18种，其中，榕树 *Ficus microcarpa* L. f. 共记录158株（9株已死亡）；樟（香樟）*Cinnamomum camphora* (L.) Presl有14株；秋枫（重阳木）*Bischofia javanica* Bl. 有5株；杧果（芒果）*Mangifera indica* L. 有4株；龙眼 *Dimocarpus longan* Lour.、山牡荆（薄姜木）*Vitex quinata* (Lour.) Will.、罗汉松 *Podocarpus macrophyllus* (Thunb.) D. Don、榔榆 *Ulmus parvifolia* Jacq. 各2株；大叶桃花心木 *Swietenia macrophylla* King（原被误作桃花心木，详见第五章）、洋蒲桃（莲雾）*Syzygium samarangense* (Bl.) Merr. et Perry、诺福克南洋杉 *Araucaria heterophylla* (Salisb.) Franco（原被误作南洋杉，详见第五章）、柱状南洋杉 *A.columnaris* (J. R. Forst.) Hook.（原被误作南洋杉，详见第五章）、大叶南洋杉 *A. bidwillii* Hook.（已死亡）、马尾松 *Pinus massoniana* Lamb.、紫檀 *Pterocarpus indicus* Willd.、圆柏 *Juniperus chinensis* L.、印度榕 *Ficus elastica* (Roxb.) Hornem.各1株；未定名的古树〔原被误作洋蒲桃（莲雾）〕1株；详见表2－1、图2－1。

上述古树名木中，名木2株，占登记在册的1.11%；三级古树162株，占90%；二级古树有16株，占8.89%。二级古树均系榕树，分别是 G0015、G0037、G0040、G0042、G0043、G0056、G0059、

①若树干于基部分枝，则分别记录。

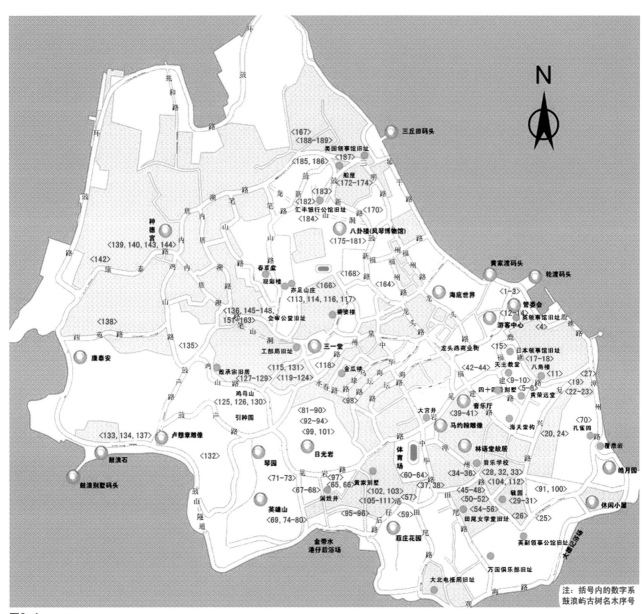

图2-1

图 2-1 鼓浪屿古树名木
(G0001~G0189) 分布图

Fig.2-1 The distribution map of the ancient and famous trees registered as from G0001 to G0189 at Gulangyu.

G0060、G0061、G0063、G0064、G0103、G0143、G0145、G0179、G0182。

表2-1 鼓浪屿古树名木汇总表（原编号部分）
Tabel 2-1 The ancient and famous trees registered as from G0001 to G0189

编号 No.	地点 Site	树种 Species	树龄 Age (a)	生长 Growth statue	纬度 Latitude	经度 Longitude	胸围① Girth (cm)
G0001	轮渡广场	榕树	227	旺盛	N24° 26′ 55.5″	E118° 4′ 5.5″	280
G0002	轮渡广场	榕树	167	旺盛	N24° 26′ 55.1″	E118° 4′ 5.0″	250

（续）

编号 No.	地点 Site	树种 Species	树龄 Age (a)	生长 Growth statue	纬度 Latitude	经度 Longitude	胸围 Girth (cm)
G0003	轮渡广场台阶边	榕树	217	旺盛	N24° 26′ 55.3″	E118° 4′ 5.2″	410
G0004	鹿礁路8号	榕树	237	旺盛	N24° 26′ 52.3″	E118° 4′ 8.2″	420
G0005	福建路32号	榕树	/	死亡	/	/	/
G0006	福建路32号	榕树	297	旺盛	N24° 26′ 45.2″	E118° 4′ 6.1″	450
G0007	福建路32号	榕树	197	旺盛	N24° 26′ 45.6″	E118° 4′ 4.6″	380
G0008	福建路32号	龙眼	137	旺盛	N24° 26′ 46.1″	E118° 4′ 6.7″	210
G0009	天主教堂	榕树	217	旺盛	N24° 26′ 46.6″	E118° 4′ 4.0″	420
G0010	天主教堂	榕树	117	一般	N24° 26′ 46.6″	E118° 4′ 4.1″	300
G0011	鹿礁路15号	樟	117	一般	N24° 26′ 47.0″	E118° 4′ 7.6″	270
G0012	鹿礁路16号后	榕树	287	旺盛	N24° 26′ 53.0″	E118° 4′ 5.1″	430
G0013	龙头路15号前	榕树	227	旺盛	N24° 26′ 51.8″	E118° 4′ 4.1″	570
G0014	鹿礁路16号门口	榕树	197	旺盛	N24° 26′ 54.1″	E118° 4′ 5.6″	530
G0015	鹿礁路24号	榕树	327	旺盛	N24° 26′ 50.2″	E118° 4′ 4.5″	520
G0016	鹿礁路24号	榕树	/	死亡	/	/	/
G0017	鹿礁路36号	榕树	197	旺盛	N24° 26′ 48.1″	E118° 4′ 5.7″	400
G0018	鹿礁路36号院内	榕树	277	旺盛	N24° 26′ 47.8″	E118° 4′ 5.8″	360
G0019	复兴路1号挡土墙	榕树	127	旺盛	N24° 26′ 47.3″	E118° 4′ 11.4″	400
G0020	复兴路75号	山牡荆	187	旺盛	N24° 26′ 38.6″	E118° 4′ 8.5″	256
G0021	旗山路3号	榕树	/	死亡	/	/	/
G0022	旗山路1号	榕树	207	旺盛	N24° 26′ 46.5″	E118° 4′ 11.1″	400
G0023	旗山路1号	榕树	147	旺盛	N24° 26′ 46.5″	E118° 4′ 11.1″	240
G0024	复兴路75号	秋枫	187	旺盛	N24° 26′ 38.4″	E118° 4′ 9.9″	380
G0025	漳州路24号之3	秋枫	167	旺盛	N24° 26′ 34.4″	E118° 4′ 7.5″	270、 180
G0026	漳州路24号	榕树	187	旺盛	N24° 26′ 33.5″	E118° 4′ 6.4″	390
G0027	漳州路2号	榕树	207	旺盛	N24° 26′ 47.8″	E118° 4′ 13.5″	410
G0028	漳州路28号	榕树	/	死亡	/	/	/
G0029	毓园	榕树	207	旺盛	N24° 26′ 35.1″	E118° 4′ 6.0″	490
G0030	毓园	诺福克 南洋杉	32	旺盛	N24° 26′ 36.9″	E118° 4′ 5.6″	124
G0031	毓园	柱状南 洋杉	32	旺盛	N24° 26′ 36.9″	E118° 4′ 5.6″	94
G0032	漳州路28号	榕树	227	旺盛	N24° 26′ 36.9″	E118° 4′ 5.1″	540
G0033	漳州路28号	榕树	147	旺盛	N24° 26′ 36.9″	E118° 4′ 3.6″	335
G0034	漳州路17号	榕树	117	旺盛	N24° 26′ 37.4″	E118° 4′ 0.7″	300

（续）

编号 No.	地点 Site	树种 Species	树龄 Age (a)	生长 Growth statue	纬度 Latitude	经度 Longitude	胸围 Girth (cm)
G0035	漳州路17号	榕树	227	旺盛	N24° 26′ 37.4″	E118° 4′ 0.7″	510
G0036	漳州路17号	榕树	147	旺盛	N24° 26′ 38.0″	E118° 4′ 0.6″	260
G0037	中华路厕所前	榕树	427	旺盛	N24° 26′ 36.2″	E118° 3′ 56.7″	700
G0038	厦门鼓浪屿干部疗养院门前	榕树	297	旺盛	N24° 26′ 35.3″	E118° 3′ 56.2″	680
G0039	音乐厅台阶边	榕树	187	旺盛	N24° 26′ 44.6″	E118° 3′ 59.5″	380
G0040	鼓浪屿音乐厅后	榕树	417	旺盛	N24° 26′ 43.0″	E118° 3′ 59.5″	500
G0041	鼓浪屿音乐厅前	樟	177	旺盛	N24° 26′ 44.2″	E118° 3′ 58.3″	380
G0042	厦门大学附属第一医院鼓浪屿风景区分院	榕树	317	旺盛	N24° 26′ 47.0″	E118° 4′ 1.4″	455
G0043	厦门大学附属第一医院鼓浪屿风景区分院食堂	榕树	337	旺盛	N24° 26′ 47.0″	E118° 4′ 1.4″	480
G0044	厦门大学附属第一医院鼓浪屿风景区分院食堂	榕树	127	旺盛	N24° 26′ 47.3″	E118° 4′ 1.4″	290
G0045	观海园1号楼东	榕树	147	旺盛	N24° 26′ 28.3″	E118° 4′ 4.9″	370
G0046	观海园1号楼东	榕树	157	旺盛	N24° 26′ 28.7″	E118° 4′ 6.0″	330, 310 210, 230
G0047	观海园1号楼东	杧果	137	较差	N24° 26′ 28.5″	E118° 4′ 2.8″	260
G0048	观海园3号楼西	榕树	197	一般	N24° 26′ 34.2″	E118° 4′ 1.2″	370
G0049	观海园3号楼西	大叶南洋杉	/	死亡	/	/	/
G0050	观海园3号楼西	秋枫	157	旺盛	N24° 26′ 34.6″	E118° 4′ 0.7″	205
G0051	观海园3号楼西	秋枫	147	旺盛	N24° 26′ 34.4″	E118° 4′ 0.5″	260
G0052	观海园5号楼	秋枫	177	旺盛	N24° 26′ 32.3″	E118° 4′ 5.4″	280
G0053	孔雀园	榕树	/	死亡	/	/	/
G0054	观海园会议室南	樟	197	旺盛	N24° 26′ 32.2″	E118° 4′ 1.5″	390
G0055	观海园12号楼前	洋蒲桃	137	旺盛	N24° 26′ 32.4″	E118° 4′ 0.3″	240
G0056	观海园	榕树	307	旺盛	N24° 26′ 31.3″	E118° 3′ 59.6″	420
G0057	海上花园酒店门口	榕树	207	旺盛	N24° 26′ 35.1″	E118° 3′ 54.9″	410
G0058	爱门前三叉路中	榕树	/	死亡	/	/	/
G0059	顽石山房	榕树	467	旺盛	N24° 26′ 35.2″	E118° 3′ 53.3″	670
G0060	中华路1号西侧	榕树	407	旺盛	N24° 26′ 36.4″	E118° 3′ 53.2″	390,520
G0061	鼓浪宾馆东门	榕树	307	旺盛	N24° 26′ 37.4″	E118° 4′ 4.5″	490
G0062	中华路1号	榕树	297	旺盛	N24° 26′ 37.4″	E118° 4′ 4.5″	400
G0063	中华路1号	榕树	417	旺盛	N24° 26′ 37.4″	E118° 4′ 4.5″	580
G0064	海上花园酒店门口	榕树	427	濒死	N24° 26′ 35.1″	E118° 3′ 54.6″	690
G0065	国姓井西侧	榕树	127	旺盛	N24° 26′ 37.2″	E118° 3′ 44.5″	330

（续）

编号 No.	地点 Site	树种 Species	树龄 Age (a)	生长 Growth statue	纬度 Latitude	经度 Longitude	胸围 Girth (cm)
G0066	国姓井边	大叶桃花心木	107	旺盛	N24° 26′ 36.4″	E118° 3′ 45.5″	310
G0067	港后路18号	樟	147	旺盛	N24° 26′ 36.5″	E118° 3′ 43.7″	320
G0068	港后路18号	榕树	297	旺盛	N24° 26′ 37.1″	E118° 3′ 42.9″	450
G0069	晃岩路51号之一	榕树	137	旺盛	N24° 26′ 38.0″	E118° 3′ 41.0″	240
G0070	孔雀园内	榕树	/	死亡	/	/	/
G0071	鼓浪屿好八连	榕树	117	旺盛	N24° 26′ 39.0″	E118° 3′ 42.6″	310
G0072	鼓浪屿好八连俱乐部前	榕树	107	旺盛	N24° 26′ 39.0″	E118° 3′ 42.6″	250
G0073	鼓浪屿好八连大门边	樟	117	旺盛	N24° 26′ 39.0″	E118° 3′ 42.6″	377
G0074	南京军区疗养院围墙南	榕树	117	旺盛	N24° 26′ 31.3″	E118° 3′ 41.3″	290
G0075	南京军区疗养院大门边	榕树	197	旺盛	N24° 26′ 33.2″	E118° 3′ 43.4″	360
G0076	南京军区疗养院48号楼前	榕树	137	旺盛	N24° 26′ 34.9″	E118° 3′ 42.7″	300
G0077	南京军区疗养院48号楼前	榕树	187	旺盛	N24° 26′ 35.5″	E118° 3′ 42.2″	300
G0078	港后路54号楼前	榕树	117	旺盛	N24° 26′ 30.5″	E118° 3′ 36.5″	320
G0079	港后路54号楼前	榕树	117	旺盛	N24° 26′ 34.5″	E118° 3′ 36.2″	470
G0080	南京军区疗养院听涛楼	榕树	117	旺盛	N24° 26′ 32.3″	E118° 3′ 39.5″	290
G0081	西林花圃内	榕树	187	旺盛	N24° 26′ 40.6″	E118° 3′ 39.1″	360
G0082	西林路口	榕树	197	旺盛	N24° 26′ 42.0″	E118° 3′ 39.6″	550
G0083	日光岩西林南墙	榕树	157	旺盛	N24° 26′ 40.7″	E118° 3′ 40.7″	410
G0084	日光岩西林门内	榕树	207	濒死	N24° 26′ 43.4″	E118° 3′ 41.1″	450
G0085	日光岩西林门内	榕树	157	旺盛	N24° 26′ 43.6″	E118° 3′ 41.3″	340
G0086	郑成功纪念馆前	榕树	157	旺盛	N24° 26′ 44.4″	E118° 3′ 42.2″	350
G0087	晃岩路70号	榕树	227	旺盛	N24° 26′ 38.8″	E118° 3′ 44.0″	550
G0088	晃岩路70号后山	榕树	207	旺盛	N24° 26′ 37.8″	E118° 3′ 43.9″	250
G0089	郑成功纪念馆	榕树	117	旺盛	N24° 26′ 43.7″	E118° 3′ 41.8″	350
G0090	郑成功纪念馆	榕树	127	旺盛	N24° 26′ 43.5″	E118° 3′ 42.3″	310
G0091	漳州路19号	榕树	137	旺盛	N24° 26′ 38.1″	E118° 4′ 11.9″	310
G0092	郑成功纪念馆右	樟	117	旺盛	N24° 26′ 43.8″	E118° 3′ 45.3″	270
G0093	日光岩花圃	樟	117	旺盛	N24° 26′ 44.7″	E118° 3′ 45.0″	230
G0094	日光岩内寺前	杜果	167	恢复中	N24° 26′ 41.9″	E118° 3′ 48.0″	330
G0095	晃岩路37号	榕树	217	旺盛	N24° 26′ 37.0″	E118° 3′ 49.7″	400
G0096	晃岩路38号	榕树	197	旺盛	N24° 26′ 36.6″	E118° 3′ 48.7″	430

（续）

编号 No.	地点 Site	树种 Species	树龄 Age (a)	生长 Growth statue	纬度 Latitude	经度 Longitude	胸围 Girth (cm)
G0097	晃岩路72号	榕树	117	旺盛	N24° 26′ 37.7″	E118° 3′ 43.2″	250
G0098	永春路67号前	杧果	177	一般	N24° 26′ 45.9″	E118° 3′ 45.7″	348
G0099	日光岩花圃前	榕树	127	旺盛	N24° 26′ 44.1″	E118° 3′ 45.8″	390
G0100	漳州路19号	榕树	147	旺盛	N24° 26′ 38.2″	E118° 4′ 12.1″	290
G0101	日光岩花圃北	榕树	127	旺盛	N24° 26′ 43.7″	E118° 3′ 45.8″	300
G0102	鼓浪屿宾馆	榕树	147	旺盛	N24° 26′ 39.7″	E118° 3′ 52.9″	280
G0103	鼓浪屿宾馆	榕树	337	旺盛	N24° 26′ 39.7″	E118° 3′ 52.9″	500
G0104	复兴路98号	罗汉松	117	旺盛	N24° 26′ 38.3″	E118° 4′ 5.8″	140
G0105	鼓浪屿宾馆	樟	147	旺盛	N24° 26′ 38.0″	E118° 3′ 52.9″	340
G0106	鼓浪屿宾馆	榕树	187	旺盛	N24° 26′ 39.7″	E118° 3′ 52.9″	400
G0107	鼓浪屿宾馆花圃	榕树	157	较差	N24° 26′ 37.4″	E118° 3′ 50.7″	380
G0108	鼓浪屿宾馆花圃	榕树	137	旺盛	N24° 26′ 37.4″	E118° 3′ 50.7″	350
G0109	鼓浪屿宾馆花圃	榕树	167	旺盛	N24° 26′ 37.4″	E118° 3′ 50.7″	630
G0110	鼓浪屿宾馆	榕树	157	旺盛	N24° 26′ 38.3″	E118° 3′ 51.0″	400
G0111	鼓浪屿宾馆1号楼 围墙边	榕树	197	旺盛	N24° 26′ 37.7″	E118° 3′ 50.7″	400
G0112	复兴路98号	罗汉松	127	旺盛	N24° 26′ 38.3″	E118° 4′ 5.8″	120
G0113	安海路38号	龙眼	137	恢复中	N24° 26′ 51.9″	E118° 3′ 44.7″	180
G0114	安海路41号之1	榕树	117	旺盛	N24° 26′ 52.2″	E118° 3′ 46.5″	400
G0115	人民小学	榔榆	137	一般	N24° 26′ 47.0″	E118° 3′ 42.6″	235
G0116	安海路44号	榕树	127	旺盛	N24° 26′ 52.0″	E118° 3′ 44.1″	390
G0117	安海路44号	榕树	187	旺盛	N24° 26′ 51.2″	E118° 3′ 43.6″	400
G0118	日光岩幼儿园	榕树	227	旺盛	N24° 26′ 48.0″	E118° 3′ 44.1″	410
G0119	人民小学运动场边	榕树	157	旺盛	N24° 26′ 45.9″	E118° 3′ 41.7″	350
G0120	人民小学运动场边	榕树	157	旺盛	N24° 26′ 47.4″	E118° 3′ 41.3″	315
G0121	人民小学	樟	157	旺盛	N24° 26′ 45.3″	E118° 3′ 39.6″	335
G0122	人民小学运动场边	樟	147	一般	N24° 26′ 47.1″	E118° 3′ 41.0″	276
G0123	人民小学	樟	127	旺盛	N24° 26′ 45.4″	E118° 3′ 39.6″	280
G0124	人民小学墙边	榕树	107	旺盛	N24° 26′ 47.4″	E118° 3′ 41.3″	315
G0125	鸡母山	樟	137	旺盛	N24° 26′ 42.9″	E118° 3′ 36.6″	550
G0126	鸡母山	榕树	147	旺盛	N24° 26′ 44.3″	E118° 3′ 36.5″	420
G0127	鸡山路8号	榕树	117	旺盛	N24° 26′ 45.8″	E118° 3′ 38.7″	210
G0128	鸡山路8号	榕树	117	旺盛	N24° 26′ 45.8″	E118° 3′ 38.7″	310
G0129	鸡山路8号	榕树	147	旺盛	N24° 26′ 46.6″	E118° 3′ 37.4″	570
G0130	鸡母山	马尾松	237	一般	N24° 26′ 45.8″	E118° 3′ 36.0″	210
G0131	鼓浪屿人民小学	榔榆	127	一般	N24° 26′ 47.0″	E118° 3′ 42.6″	200
G0132	厦门华侨亚热带 植物引种园	紫檀	107	旺盛	N24° 26′ 42.0″	E118° 3′ 30.1″	407
G0133	鼓浪别墅内	榕树	197	旺盛	N24° 26′ 41.4″	E118° 3′ 20.1″	390

①原错误鉴定为"莲雾"，拟采到花果后
作进一步鉴定。

（续）

编号 No.	地点 Site	树种 Species	树龄 Age (a)	生长 Growth statue	纬度 Latitude	经度 Longitude	胸围 Girth (cm)
G0134	鼓浪别墅西南	榕树	267	旺盛	N24° 26′ 41.1″	E118° 3′ 20.0″	525
G0135	美华疗养院	圆柏	107	旺盛	N24° 26′ 49.3″	E118° 3′ 29.6″	105
G0136	笔山公园内	山牡荆	157	旺盛	N24° 26′ 52.8″	E118° 3′ 38.5″	216
G0137	鼓浪别墅楼后	榕树	127	旺盛	N24° 26′ 42.4″	E118° 3′ 20.5″	210
G0138	福州大学厦门工艺美术学院女生宿舍楼边	榕树	137	旺盛	N24° 26′ 53.2″	E118° 3′ 26.3″	410
G0139	康泰路19号	榕树	167	旺盛	N24° 27′ 5.7″	E118° 3′ 25.8″	350
G0140	康泰路17号	榕树	197	旺盛	N24° 27′ 6.3″	E118° 3′ 26.4″	489
G0141	鼓浪屿市政环卫管理处旁	榕树	147	恢复中	N24° 27′ 5.8″	E118° 3′ 23.2″	300
G0142	康泰路99号	榕树	107	旺盛	N24° 26′ 58.7″	E118° 3′ 26.4″	220
G0143	内厝沃373号	榕树	317	旺盛	N24° 27′ 1.8″	E118° 3′ 29.5″	510
G0144	康泰路2号	榕树	147	旺盛	N24° 27′ 7.5″	E118° 3′ 39.0″	300
G0145	内厝沃5号	榕树	377	濒死	N24° 26′ 50.9″	E118° 3′ 40.6″	480
G0146	笔山派出所门口	榕树	207	旺盛	N24° 26′ 52.5″	E118° 3′ 37.8″	220
G0147	内厝沃4号	榕树	117	旺盛	N24° 26′ 52.9″	E118° 3′ 37.1″	320
G0148	内厝沃3号	榕树	287	旺盛	N24° 26′ 50.6″	E118° 3′ 39.7″	500
G0149	公平路20号	榕树	127	旺盛	N24° 26′ 48.7″	E118° 3′ 36.1″	330
G0150	鼓新路59号前	杧果	117	一般	N24° 27′ 2.9″	E118° 3′ 40.9″	235
G0151	笔山公园内	榕树	207	旺盛	N24° 26′ 52.6″	E118° 3′ 39.4″	425
G0152	笔山公园南门边	榕树	227	旺盛	N24° 26′ 51.7″	E118° 3′ 39.3″	470
G0153	笔山公园围墙	榕树	257	旺盛	N24° 26′ 53.8″	E118° 3′ 40.0″	480
G0154	笔山路1号	榕树	137	旺盛	N24° 26′ 51.1″	E118° 3′ 41.3″	400
G0155	笔山路1号楼后	榕树	117	旺盛	N24° 26′ 52.2″	E118° 3′ 40.2″	460
G0156	笔山路3号楼前	榕树	247	旺盛	N24° 26′ 51.9″	E118° 3′ 41.8″	543
G0157	笔山路3号楼东	榕树	/	死亡	/	/	/
G0158	笔山路1、3、5号东	榕树	127	旺盛	N24° 26′ 52.6″	E118° 3′ 41.5″	310
G0159	笔山路5号楼南	榕树	137	旺盛	N24° 26′ 52.6″	E118° 3′ 39.3″	425
G0160	笔山路5号后	榕树	227	旺盛	N24° 26′ 55.3″	E118° 3′ 39.8″	450
G0161	笔山路5号后	榕树	137	旺盛	N24° 26′ 55.0″	E118° 3′ 39.8″	420
G0162	笔山路5号	未知①	137	旺盛	N24° 26′ 52.4″	E118° 3′ 40.4″	260
G0163	笔山路6号之2	榕树	167	旺盛	N24° 26′ 56.2″	E118° 3′ 39.8″	400
G0164	鼓新路28号	榕树	127	旺盛	N24° 26′ 56.7″	E118° 3′ 49.7″	400
G0165	兴化路3号	榕树	/	死亡	/	/	/
G0166	鼓新路41号二中内	榕树	117	旺盛	N24° 26′ 59.9″	E118° 3′ 44.4″	220

（续）

编号 No.	地点 Site	树种 Species	树龄 Age (a)	生长 Growth statue	纬度 Latitude	经度 Longitude	胸围 Girth (cm)
G0167	兴化路3号	榕树	167	旺盛	N24° 27′ 9.8″	E118° 3′ 39.5″	300
G0168	福建省厦门第二中学门口	榕树	157	旺盛	N24° 26′ 59.3″	E118° 3′ 47.0″	360
G0169	鼓新路35号之二旁	榕树	167	旺盛	N24° 26′ 59.2″	E118° 3′ 39.5″	300
G0170	鼓新路40号	榕树	297	旺盛	N24° 27′ 0.4″	E118° 3′ 50.5″	420
G0171	鼓新路40号围墙内	榕树	157	恢复中	N24° 27′ 2.0″	E118° 3′ 50.2″	240
G0172	鼓新路42号	樟	117	旺盛	N24° 27′ 3.5″	E118° 3′ 46.7″	210
G0173	鼓新路42号	印度榕	147	一般	N24° 27′ 7.0″	E118° 3′ 48.2″	300
G0174	鼓新路42号	榕树	147	旺盛	N24° 27′ 3.5″	E118° 3′ 46.7″	300
G0175	厦门博物馆内	樟	137	旺盛	N24° 26′ 59.7″	E118° 3′ 49.0″	328
G0176	厦门博物馆内	榕树	137	旺盛	N24° 26′ 59.7″	E118° 3′ 49.2″	310
G0177	厦门博物馆内	榕树	137	旺盛	N24° 27′ 0.9″	E118° 3′ 49.6″	345
G0178	厦门博物馆内	榕树	197	旺盛	N24° 26′ 58.6″	E118° 3′ 50.0″	405
G0179	厦门博物馆内	榕树	357	旺盛	N24° 27′ 1.7″	E118° 3′ 49.6″	690
G0180	厦门博物馆内	榕树	137	旺盛	N24° 26′ 59.8″	E118° 3′ 49.8″	405
G0181	厦门博物馆内	榕树	137	旺盛	N24° 26′ 59.8″	E118° 3′ 49.8″	410
G0182	鼓新路57号之3	榕树	327	旺盛	N24° 27′ 4.6″	E118° 3′ 42.8″	400
G0183	鼓新路57号之1对面	榕树	297	旺盛	N24° 27′ 5.1″	E118° 3′ 40.2″	555
G0184	鼓新路59号楼前	榕树	207	旺盛	N24° 27′ 2.9″	E118° 3′ 40.9″	470
G0185	鼓新路63号之1对面	榕树	157	旺盛	N24° 27′ 7.0″	E118° 3′ 44.3″	353
G0186	鼓新路63号之1对面	榕树	177	旺盛	N24° 27′ 7.0″	E118° 3′ 44.3″	443
G0187	三明路26号	榕树	147	旺盛	N24° 27′ 7.4″	E118° 3′ 48.2″	300
G0188	鼓新路60号	榕树	197	旺盛	N24° 27′ 11.8″	E118° 3′ 44.6″	340
G0189	鼓新路60号	榕树	187	旺盛	N24° 27′ 11.3″	E118° 3′ 44.1″	610

2.2.2　新增补的具有代表性的古树名木

在调查过程中，发现了一些具有代表性的古树名木，包括迄今所知的世界上最高的台湾枣椰 *Phoenix loureiroi* Kunth，厦门大学前校长林文庆先生于辛亥革命前从菲律宾引种至厦门的火焰树

Spathodea campanulata Beauv.，见表2-2。

2.2.3　鼓浪屿古树的分布特点

　　鼓浪屿50%的古树分布于鼓浪屿的东南部（晃岩路以南）；30%的古树分布在鼓浪屿的中部；15%的古树分布在鼓浪屿北部的居民区；其余古树散布于鼓浪屿的西部。

　　除大叶桃花心木等少数古树之外，绝大部分古树均为庭园古树（即栽于庭院内或房屋旁）。

表2-2　新增加的古树名木
Tabel 2-2　The added ancient and famous trees

编号 No.	地点 Site	树种 Species	树龄 Age (a)	生长 Growth statue	纬度 Latitude	经度 Longitude	胸围 Girth (cm)	备注 Remarks
A001	内厝澳 57号	五棱大戟	152	较差	N24° 26′ 54.6″	E118° 3′ 34.7″	156	国内所知最粗
A008	福建路 32号	圆叶蒲葵	102	旺盛	N24° 26′ 45.4″	E118° 4′ 6″	66	内地最早引种
A009	福建路 32号	圆叶蒲葵	102	已恢复 至旺盛	N24° 26′ 45.4″	E118° 4′ 5.8″	68	内地最早引种
A018	鹿礁路 7号	非洲枣椰	102	旺盛	N24° 26′ 48.2″	E118° 4′ 6.2″	39	内地最早引种
A028	海关宿舍	台湾枣椰	152	较差	N24° 26′ 30.5″	E118° 3′ 56.6″	110	迄今所知最高
A038	菽庄花园	台湾苏铁	202	旺盛	N24° 26′ 32.3″	E118° 3′ 50.0″	120	可能系模式 标本来源
A039	日光岩	台湾枣椰	102	旺盛	N24° 26′ 44.3″	E118° 3′ 45.3″	79	
A040	笔山路 5号	火焰树	104	一般	N24° 26′ 53.9″	E118° 3′ 40.1″	60	内地最早引种
A041	引种园 花圃	加勒比 合欢	52	旺盛	N24° 26′ 42.1″	E118° 3′ 27.9″	280	国内首次确认
A042	引种园 花圃	加勒比 合欢	52	旺盛	N24° 26′ 42.1″	E118° 3′ 27.8″	280	国内首次确认

2.2.4　鼓浪屿古树的区系特点

　　表2-1、表2-2所列古树分别属于16个科的19个属（已死亡的除外）。在这19个属中，仅有3个属为北温带分布，其他为泛热带分布、热带亚洲至热带大洋洲分布、热带亚洲分布、热带亚洲至热带非洲分布、热带亚洲和热带美洲间断分布、旧世界热带分布。此统计结

①厦门市思明区（不含鼓浪屿）面积为82km²，
有古树名木176株。

果与鼓浪屿的南亚热带气候特点相一致。

2.2.5　鼓浪屿古树资源的特点

（1）古树多

面积仅1.87km²的鼓浪屿，古树众多①，是全国城市建成区中密度最高的。

（2）古榕树多

鼓浪屿的古榕树多，在其古树名木中所占比例最高。

（3）外来树种多

鼓浪屿古树中的外来树种多，是全国风景区中最多的。

（4）多项国内之最

有11株国内（或内地）之最乃至世界之最（详见第四章）：

① 世界最高的台湾枣椰（A028）；

② 国内唯一的柱状南洋杉（G0031）；

③ 国内最高、最粗的大叶桃花心木（G0066）；

④ 国内最高、最粗的紫檀（G0132）；

⑤ 国内最粗的五棱大戟（A001）；

⑥ 国内最高的加勒比合欢（A041、A042）；

⑦ 内地最早引种、最高的圆叶蒲葵（A008、A009）；

⑧ 内地最早引种的非洲枣椰（A018）；

⑨ 内地最早引种的火焰树（A040）。

（5）华侨引种多

鼓浪屿的不少外来植物都是由华侨引种的，例如，火焰树由林文庆先生从菲律宾引种。正是由于华侨的不断引种，使鼓浪屿最终呈现出一种以榕树等本土植物和外来树种相融合的特有景观。

第三章

鼓浪屿古树名木的保护

3.1 自然地理概况

鼓浪屿是一个小岛，位于厦门岛西南方，与之相隔500m，全岛面积1.87km²，年均降雨量1100mm，极端最高温度39℃（2007年），极端最低温度0℃（1999年），年平均温度约21℃，属南亚热带气候，土壤为赤红壤，肥力差，风力一般3～4级。

3.2 古树名木生长状况的巡查及生长环境的调查

本次调查中，我们对鼓浪屿所有的古树名木（包括新增加的）进行了调查、定期巡查，并对部分种类进行了健康诊断。

经统计，生长旺盛（含已恢复至正常）的占83.92%，生长一般的占5.53%，生长较差（含已在恢复中）的占4.02%，濒死的占1.51%，死亡的占5.02%。

对鼓浪屿古树名木生长环境的土壤调查结果是，古树名木表层土壤容重为1.01～1.53g/cm³，均值为1.20g/cm³；土壤平均孔隙度为42.2%～61.9%，均值为54.4%；土壤全N含量为0.03%～0.26%，均值为0.11%；土壤全P含量为0.02%～0.15%，均值为0.07%。

3.3   古树名木的健康诊断

依据文献 [1] 进行生长势的判断，是一种比较粗略的定性方法，故需要一种定量的健康诊断方法，即通过生长指标与生理指标相结合的方法诊断古树的健康状况。

针对不同种类的植物，选择不同的生长指标。例如，对于榕树，选择其树冠外侧的枝条的当年生小枝条的长度及该枝的叶片数、果实数量作为生长指标。

选择 F_v/F_m 作为生理指标。利用PAM2100调制荧光仪（德国Walz公司）测定叶绿素荧光参数。叶片经30min充分暗适应，然后照射测量光，得到原初荧光（F_0），随后给一个饱和脉冲光 [8000 μ mol/($m^2 \cdot s$)]，0.8s后关闭，得到暗适应最大荧光（F_m），然后计算出暗适应下光系统 II（PS II）的 $F_v/F_m = (F_m - F_0)/F_m$。

2009年8月对不同生长势的古榕树的叶片取样，所获得的 F_v/F_m 见表3-1。表3-1表明，榕树G0005的 F_v/F_m 值最低，与榕树G0114、榕树G0048、榕树G0176差异显著[8]。F_v/F_m 较恒定，一般在0.80~0.85之间[9]。榕树G0005的 F_v/F_m 远低于0.80，且与其他古榕树（G0114、G0048、G0176）的差异显著，表明其所受胁迫严重[8]。榕树G0005于2012年死亡（系我国进境植物检疫性有害生物——木层孔褐根腐病菌 *Phellinus noxius* (Corner) G. H. Cunn. 所致）。

表 3-1   不同长势的古榕树的 F_v/F_m
Table 3-1 The F_v/F_m of the ancient trees of *Ficus microcarpa* with different growth statue

编号	生长势	F_v/F_m
榕树G0114	旺盛	0.754±0.033 a
榕树G0005	旺盛转濒死	0.623±0.018 b
榕树G0048	一般	0.750±0.012 a
榕树G0176	较差转一般	0.782±0.020 a

注：同列所标小写字母（a、b)若不同，则表示彼此在0.05水平差异显著。

3.4 古树名木的病虫害与防治

鼓浪屿古树名木的病虫害包括常见的病虫害和检疫性病虫害。前者包括白蚁、白翅叶蝉、介壳虫、榕母管蓟马、黑刺粉虱、榕木虱、杧果瘿蚊和炭疽病等，其中，白蚁蛀蚀可导致树木死亡或树木茎干倒伏，是危害鼓浪屿古树的头号害虫，其他病虫害则不易导致古树名木死亡，例如，白翅叶蝉会使秋枫古树的整株树叶变黄（图4-37~图4-39），但不会直接危及古树的生命〔白翅叶蝉也会危害菩提树 *Ficus religiosa* L.、阔荚合欢 *Albizia lebbeck* (L.) Benth.等树木，使之具有类似症状〕。对常见的病虫害可用常规方法防治，例如，对白翅叶蝉 *Erythroneura subrufa* Motsch，可采用20%叶蝉散1000倍或20%速灭杀丁2000倍在其虫卵孵化盛期喷施。

目前使鼓浪屿古树直接致死的检疫性病虫害主要是木层孔褐根腐病，此病在鼓浪屿已经危害榕树、高山榕等榕属植物，并呈蔓延之势。受害植物首先表现为不正常的落叶，随着落叶的加速，植株逐步死亡。植株从落叶到死亡，持续时间为3个月到3年。由于木层孔褐根腐病菌是通过菌丝体传播，且危害植物的根部，故在植物受害初期不容易被发现。此病的有效防治方法仍在进一步探索之中。

红棕象甲 *Rhynchophorus ferrugineus* Fabr. 是一种进境植物检疫性有害生物，目前虽然未造成鼓浪屿古树名木死亡，但已导致鼓浪屿的加那利枣椰、大丝葵（裙棕）*Washingtonia robusta* H. Wendl、大王椰（王棕）*Roystonea regia* (Kunth) Cook、酒瓶椰 *Hyophorbe lagenicaulis* (L. Bailey) H. Moore、霸王棕 *Bismarckia nobilis* Hildebr. et H. Wendl.、江边刺葵（软叶枣椰）*Phoenix roebelenii* O'Brien等多种植物死亡。可采用文献 [10] 的方法对其诊断与防治，若虫害已呈蔓延之势，那么只能用挂药包的方法逐一防治。此外，在对棕榈科植物修剪之后，应当喷施杀虫剂以防红棕象甲飞来产卵。

3.5　古树名木的救治复壮

本次调查中，我们对鼓浪屿濒死的古树名木进行了救治复壮，其中，圆叶蒲葵 (A009) 已完全恢复正常，杧果 (G0094) 和龙眼 (G0113) 等在恢复中。

3.5.1　圆叶蒲葵古树的救治复壮

位于鼓浪屿福建路32号的两株圆叶蒲葵古树（未挂牌）于2008年长势良好，果穗鲜艳耀眼（图1−1），但至2009年，位于西侧的圆叶蒲葵（编号A009）生长严重不良，新叶无法正常抽出，故从2009年起对其进行复壮救治、观察。复壮手段包括：

（1）松土。

（2）采用敌磺钠可溶性粉剂、四川国光农化有限公司生产的根动力2号灌根；其中，敌磺钠可溶性粉剂用清水（不能含碱性物质）稀释，质量百分比为0.5%，根动力2号用清水稀释，质量百分比为1%；此后采用根动力2号连续灌根2次，间隔时间均为15天，均用清水稀释至

图3−1　2009年对圆叶蒲葵古树A009进行注射

Fig.3−1 The stem of the ancient tree A009 was injected in 2009.
Photo: H. S. Liu.

图3−2　2010年的圆叶蒲葵古树（左：A009恢复情况；右：A008）

Fig.3−2 Two ancient trees of *Livistona rotundifolia* (left: A009; right: A008) in 2010.
Photo: H. S. Liu.

图3−1

图3−2

100倍。

（3）在胸高处直接注射内吸式杀虫剂乐果原液5ml，采用四川国光农化有限公司生产的大树施它活挂袋（1kg/袋）注射（用无绳电钻打孔，钻孔的方向与地面成45°角、深3.5cm，图3-1），输液结束后用水泥封口，涂抹杀菌剂。

经过上述手段的救治复壮，编号A009的圆叶蒲葵古树于2010年逐步恢复长势，但仍与东侧的圆叶蒲葵古树（编号A008）有明显差别（图3-2）。至2011年，该古树与编号A008的圆叶蒲葵古树的树冠没有差别（图4-67）。此外，于2011年已经采收到该树的果实，其大小、颜色与往年的相同，且能发芽。因而，该古树已完全恢复长势。这是首次成功地对棕榈科古树进行复壮救治[11]。

图3-3

3.5.2 杧果古树的救治复壮

位于鼓浪屿日光岩的1株杧果古树（编号G0094）于2009年初生长严重不良，植株已全部落叶，故从2009年起对其进行复壮救治。救治手段包括：

① 松土。

② 采用上述敌磺钠可溶性粉剂、根动力2号灌根，灌根的浓度同上。

③ 在胸高处挂袋注射大树施它活，方法同上。

④ 采用高压喷雾器进行叶面追肥，所使用的KH_2PO_4的质量百分比为1%。

经过3年的综合复壮救治，目前已经逐步恢复长势（图3-3~图3-6）。

3.6 保护古树名木的建议

为加强鼓浪屿古树名木的保护，基于以往的工作经验，特提出以下"六个做好"。

图3-3 作者于2009年对杧果古树G0094进行注射

Fig. 3-3 The stem of the ancient tree G0094 was injected by author in 2009

3.6.1　做好普查工作

依据文献 [1] 开展古树名木的普查，做到每5年对古树名木进行一次每木调查。调查的时间一般选择在植物的生长季节，调查的内容包括如下内容。

（1）编号

全岛应统一古树名木的编号，每株树木只有一个编号：即保留原有编号，新增加的古树名木依次启用新的编号，不得借用已死树木的原有编号。

（2）树种

对于鉴定有误或新发现的但又不能鉴定的古树名木，应采集叶、花、果、种子等制作标本3份，以供日后专家鉴定。

（3）位置

鉴于鼓浪屿的实际情况，古树名木的位置除门牌号或单位名称之外，应当用GPS定位、记录精确的经纬度。

（4）树龄

沿用原有的树龄记录，新增加的古树名木可依据文献史料所记载的年龄、传说年龄或估测年龄进行登记。

（5）树高

用测高器等实测，记至整数。

（6）胸围

用卷尺测乔木的胸围，记至整数。

（7）冠幅

分两个方向量测，以树冠垂直投影确定冠幅宽度，记至整数。

（8）生长势

分旺盛（正常）、一般、较差、濒死、死亡五级登记。

（9）树木特殊状况描述

包括奇特、怪异性状描述。如有严重病虫害，简要描述种类及发病状况。若经过救治复壮，已处于恢复阶段，则记录为"恢复中"。

（10）立地条件

图3-4

包括坡向、坡位、坡度以及土壤的情况。若有地表铺装或房屋搭建，则应记录。

（11）照片记录

每一株古树名木都应有全景彩照一张及有必要记录的局部照片（如病虫害的照片）。

（12）传说记载

若有相关的传说记载，应简明记载。

（13）权属及管护责任单位或个人

应作相应记录，以免无人管护。

（14）保护现状及建议

主要针对该树保护中存在的主要问题，包括周围环境不利因素，简要提出今后保护对策建议。

3.6.2　做好日常管护

（1）一般防护

除原有的古树树名挂牌以及对树体输液复壮外，严禁在树体上钉钉、缠绕绳索或铁丝、悬挂杂物或作为施工支撑点和固定物，严禁刻划树皮或攀折树枝。

伤口和树洞应及时修补，修补前应作杀虫杀菌处理。腐烂部位在修补前应清除干净。

（2）护栏防护

为防止土壤被踩实或树干被基建损伤，可以设置装饰性的围栏进行保护。围栏的范围视古树的树冠大小而定，围栏与树干距离不小于1.5m。

（3）雷电防护

对于树体高大的古树名木，若周围30m之内无高大建筑物、构筑物等，则应设置避雷装置。

（4）浇水与排水

根据不同树种对水分的不同要求以及不同的立地环境条件进行浇水、排水。应特别加强长期干旱下的浇水。

图3-4　2009年的杧果古树G0094
Fig.3-4 The ancient tree G0094 of *Mangifera indica* in 2009.
Photo: H. S. Liu.

图3-5

图3-6

（5）施肥

为防止古树长势衰弱，每年应施有机肥一次。此外，可根据对土壤微量元素含量的测定进行针对性的施肥。可根据立定环境采用穴施、放射性沟施或孔施。

（6）修剪

正确修剪可以有效防止树体的倾斜生长所造成的安全隐患。对枯死枝的及时修剪可以防止景区的意外发生。对榕树内膛枝进行修剪可以降低台风对其造成的影响，增加光照及通风透气，减少煤烟病等病虫害，防止树势衰弱。修剪之前应报主管部门批准，修剪之时要注意安全防护，包括设置安全警示标志并派人值守。修剪的锯口应平整、不劈裂、不撕皮，较粗枝条应采取分段截枝法，锯口应涂防腐剂，防止水分蒸发及病虫害侵染。

（7）引根

对于具备引根条件的，应及时做好榕树的引根工作，以增强植物自身的支撑及长势。

（8）加固

对于树体严重倾斜或不稳的古树，应及时支撑或吊拉。支撑所需钢管直径13～16cm，垫层用汽车轮胎，钢管入土部分不少于30cm，根据地形要求可用混凝土筑牢。吊拉不能使用铁丝或钢丝绳，应使用钢绞线。

（9）病虫害防治

图3-5 2010年的杜果古树G0094

Fig.3-5 The ancient tree G0094 of *Mangifera indica* in 2010.
Photo: H. S. Liu.

图3-6 2011年的杜果古树G0094

Fig.3-6 The ancient tree G0094 of *Mangifera indica* in 2011.
Photo: H. S. Liu.

病虫害防治是一个常规工作。一方面，应通过施肥、修剪等降低病虫害发生的概率及损害程度；另一方面，应通过定期检查和在病虫害高发期的巡查，采取综合措施防治病虫害。应采用高效低毒农药，并严格按有关安全操作规程进行作业。鉴于鼓浪屿白蚁危害严重，应考虑大范围诱杀白蚁。

（10）日常管养登记

应做好日常的养护记录，若发现生长异常，应仔细分析原因，并及时采取相应措施或及时上报。

3.6.3　做好特殊管护

若古树名木生长在不利的特殊环境中，需作特殊养护，或生长不良时，应及时采取复壮救治措施，并及时向主管部门报告，同时应做好图像资料存档。

（1）排水透气不良

若土壤过黏或过于密实，可结合施肥对土壤进行换土。若排水不良，可开挖盲沟排水。

（2）人流密度过大

鼓浪屿的游客越来越多，若无法安装护栏，可铺装透水砖。

（3）树木生长不良

若古树名木生长不良，则应及时、认真分析，找出原因并采取相应措施，也可以根据初步的诊断进行复壮救治。复壮救治的措施包括改善立地条件，消除病虫危害，采取树干注射输液、叶面追肥、灌根等综合措施。对于树干基部出现腐生菌的，应施用铜制剂抑制其生长。凡经抢救的树木，至少连续跟踪监测3～5年。

3.6.4　做好考评工作

应参照市园林绿化考评办法将古树名木的养护管理制度化、常规化。通过考评提升管护质量。管理部门、养护单位等各方当事人的职责应明确，管理、养护移交时应办好移交手续。如古树名木受到基建损伤或人为毁损时，养护单位应及时向相关部门报告。

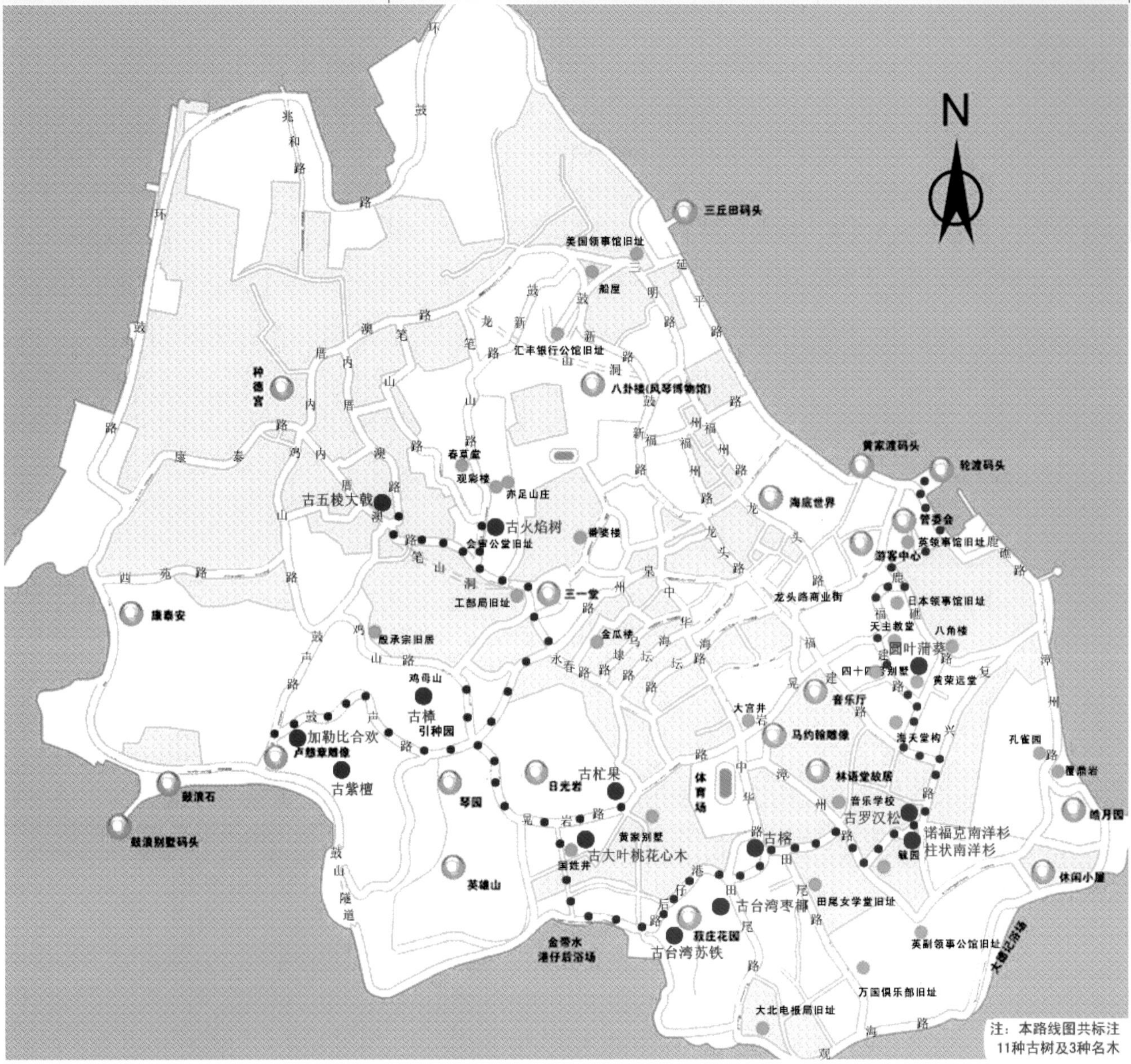

图3–7

图3–7 鼓浪屿古树名木旅游线路图

Fig.3–7 The tourist's diagram based on the ancient and famous trees at Gulangyu.

3.6.5 做好宣传教育

鼓浪屿的鼓浪石上长有一株造型优美的台湾相思*Acacia confusa* Merr.，后因大量游客坐在该树上，最终导致该树死亡，令人痛心！因而有必要向市民、游客做好保护古树名木的宣传教育工作，以尽可能减少对古树名木的人为伤害。

3.6.6 做好旅游引导

鼓浪屿的游客越来越多，对传统景点等场所的古树的保护造成了较大压力，故应通过开发新景点的方式来疏导游客，例如，开辟古树观光线路（图3–7），将游客引导至以往游人较少到的景点和场所。事实上，景区，尤其是主要景点的古树，一定会受到较多的关注，这有助于对它们的保护。

第四章

古树、名木

4.1　古树

4.1.1　榕树　Ficus microcarpa L. f.

桑科榕属常绿大乔木，高15～25m，树冠扩展，胸径可达1m以上。老树的树枝常产生气生根。叶互生；托叶披针形，长约0.8cm；叶柄长0.5～1cm；叶椭圆形，长4～8cm，宽3～4cm，具光泽。榕果成对腋生或生于已落叶的树枝上；略带红色；扁球形，

图4-1　游客登上鼓浪屿所见到的第一道风景线（古榕树G0001）
Fig.4-1　The first view seen by tourists—the ancient tree G0001 of *Ficus microcarpa*. Photo: H. S. Liu.

图4-2　古榕树G0013（树龄227年）
Fig.4-2　The 227-year-old tree G0013 of *Ficus microcarpa* in Longtou Road. Photo: H. S. Liu.

图4-1

图4—2

图4-3

图4-4

图4-5

直径0.7cm；无总梗。

原产我国浙江南部以南地区，南至南亚及澳大利亚北部。

榕树是热带、南亚热带地区优良的风景树、林阴树。古榕树在闽南等地被作为重要的风水树，树旺则家兴，故常得到当地村民的自发保护。无论是修路，还是建房，古榕树都会得到保护。榕树树冠扩展，不适合狭小空间的配置。

古榕树树冠浓密，若位于台风登陆的地区，应在台风来临之前修剪部分内膛枝，以防古树倒伏。适当修剪

图4-6

图4-7

图4-8

图4-3、图4-4 位于鹿礁路的树龄327年的古榕树G0015(左)和它的气生根(右)

Figs. 4-3 & 4-4 The 327-year-old G0015 of *Ficus microcarpa* in Lujiao Road and its aerial roots (from left to right).
Photo: H. S. Liu.

图4-5 位于中华路的古榕树G0037(树龄427年)

Fig. 4-5 The 427-year-old tree G0037 of *Ficus microcarpa* in Zhonghua Road.
Photo: H. S. Liu.

图4-6 厦门大学附属第一医院鼓浪屿风景区分院中的古榕树(从左到右):G0044(树龄127年)和G0043(树龄337年)

Fig. 4-6 The 127-year-old tree G0044 and the 337-year-old G0043 tree of *Ficus microcarpa* in the hospital.
Photo: H. S. Liu.

图4-7 位于中华路的古榕树G0060(树龄407年)

Fig. 4-7 The 407-year-old tree G0060 of *Ficus microcarpa* in Zhonghua Road.
Photo: H. S. Liu.

图4-8 位于鼓浪屿音乐厅之后的古榕树G0040(树龄417年)

Fig. 4-8 The 417-year-old tree G0040 of *Ficus microcarpa* behind Gulangyu Odeum.
Photo: H. S. Liu.

内膛枝也能防治煤烟病、介壳虫等病虫害的发生。

目前，鼓浪屿登记在册的古榕树有150株，占总数的83.89%；其中，二级古树有16株。古榕是鼓浪屿的一大景观。

图4-9

图4-10

图4-9 厦门大学附属第一医院鼓浪屿风景区分院中的古榕树G0042（树龄317年）

Fig.4-9 The 317-year-old ancient tree G0042 of *Ficus microcarpa* in the hospital.
Photo: H. S. Liu.

图4-10 观海园中的古榕树G0046（树龄157年）

Fig.4-10 The 157-year-old tree G0046 of *Ficus microcarpa* in Guanhai Garden.
Photo: H. S. Liu.

图4-11 观海园中的古榕树G0056（树龄307年）

Fig.4-11 The 307-year-old tree G0056 of *Ficus microcarpa* in Guanhai Garden.

图4—11

图4-12

图4-12 海上花园酒店门口的古榕树 G0064（树龄427年）

Fig.4-12 The 427-year-old tree G0064 of *Ficus microcarpa* at the doorway of Haishanghuayuan Hotel.
Photo: H. S. Liu.

图4-13 鼓浪屿宾馆东门旁的古榕树 G0061（树龄307年）

Fig.4-13 The 307-year-old tree G0061 of *Ficus microcarpa* near the esat gate of Gulangyu Hotel.
Photo: H. S. Liu.

图4-14 顽石山房旁的古榕树G0059（树龄467年）

Fig.4-14 The 467-year-old tree G0059 of *Ficus microcarpa* near Wanshishan House.
Photo: H. S. Liu.

图4-15 海上花园酒店门口的古榕树 G0057（树龄207年）

Fig.4-15 The 207-year-old tree G0057 of *Ficus microcarpa* at the doorway of Haishanghuayuan Hotel.
Photo: H. S. Liu.

图4—13

图4—14

图4—15

图4-16

图4-17

图4-16 位于中华路的古榕树G0063（树龄417年）

Fig.4-16 The 417-year-old tree G0063 of *Ficus microcarpa* in Zhonghua Road.
Photo: H. S. Liu.

图4-17 位于鼓浪屿宾馆的古榕树G0103（树龄337年）

Fig.4-17 The 337-year-old tree G00103 of *Ficus microcarpa* in Gulangyu Hotel.
Photo: H. S. Liu.

图4-18 位于安海路的榕树G0117（树龄187年）

Fig.4-18 The 187-year-old tree G00117 of *Ficus microcarpa* in Anhai Road.

Photo: H. S. Liu.

图4-19 鸡母山上的古榕树G0126（树龄147年）

Fig.4-19 The 147-year-old tree G00126 of *Ficus microcarpa* on Jimu Hill.
Photo: H. S. Liu.

图4—18

图4—19

图4—20

图4-21

图4-20　笔山公园中的古榕树G0151
（树龄207年）

Fig.4-20　The 207-year-old tree G00151 of
Ficus microcarpa in Bishan Park.
Photo: H. S. Liu.

图4-21　位于内厝澳路的古榕树G0143
（树龄317年）

Fig.4-21　The 317-year-old tree G00143 of
Ficus microcarpa in Neicuoao Road.
Photo: H. S. Liu.

图4-22

图4-24

图4-22 位于内厝澳路的古榕树G0145
（树龄377年）
Fig. 4-22 The 377-year-old tree G0145 of *Ficus microcarpa* in Neicuoao Road.
Photo: H. S. Liu.

图4-23 笔山派出所门口的古榕树G0146
（树龄207年）
Fig. 4-23 The 207-year-old tree G00146 of *Ficus microcarpa* at Bishan Police Station.
Photo: H. S. Liu.

图4-25

图4-24 笔山公园中的古榕树G0152（树龄227年）
Fig. 4-24 The 227-year-old tree G00152 of *Ficus microcarpa* in Bishan Park.
Photo: H. S. Liu.

图4-26

图4-25 位于鼓新路的古榕树G0184（树龄207年）

Fig.4-25 The 207-year-old tree G00184 of *Ficus microcarpa* in Guxin Road.
Photo: H. S. Liu.

图4-26 厦门博物馆中的古榕树G0179（树龄357年）

Fig.4-26 The 357-year-old tree G0179 of *Ficus microcarpa* in Xiamen Museum.
Photo: H. S. Liu.

图4—27

图4—28

图4—29

图4—27 位于鼓新路的古榕树G0182（树龄327年）

Fig.4—27 The 327-year-old tree G0182 of *Ficus microcarpa* in Guxin Road.
Photo: H. S. Liu.

图4—28 位于三明路的古榕树G0187（树龄147年）

Fig.4—28 The 147-year-old tree G0187 of *Ficus microcarpa* in Sanming Road.
Photo: H. S. Liu.

图4—29 位于鼓新路的古榕树G0189（树龄187年）

Fig.4—29 The 187-year-old tree G0189 of *Ficus microcarpa* in Guxin Road.
Photo: H. S. Liu.

4.1.2 樟（香樟）**Cinnamomum camphora** (L.) J. Presl

樟科樟属常绿大乔木，高达30m，胸径达3m。植株具樟脑味。树皮黄褐色，具不规则纵裂。叶互生，叶柄长1.5～3cm；叶卵状椭圆形，长6～12cm，宽2.5～5.5cm；叶面（黄）绿色，具光泽，叶背黄绿色或灰绿色，无光泽；薄革质；离基三出脉或有时过渡至不明显的5脉。圆锥花序腋生。果卵球形至近球形，直径约0.7cm；紫黑色。

原产我国南方，日本、韩国、越南也有分布。世界亚热带地区广为引种。

樟为樟脑、樟油的重要来源，其中，龙脑型樟还是龙脑的重要来源。樟还可用于建筑、橱柜、造船。樟也是优美的风景树、林阴树、

图4-30

图4-31

图4-30 观海园中的古樟G0054（树龄197年）

Fig.4-30 The 197-year-old tree G0054 of *Cinnamomum camphora* in Guanhai Garden. Photo: H. S. Liu.

图4-31 位于鹿礁路的古樟G0011（树龄117年）

Fig.4-31 The 117-year-old tree G0011 of *Cinnamomum camphora* in Lujiao Road. Photo: H. S. Liu.

图4-32 鼓浪屿音乐厅前的古樟G0041（树龄177年）

Fig.4-32 The 177-year-old tree G0041 of *Cinnamomum camphora* at Gulangyu Odeum. Photo: H. S. Liu.

图4-32

行道树。

　　鼓浪屿登记在册的古樟有14株，占7.78%，均为三级古树。胸径超过1m的古樟有8株，其中，G0125古樟最为高大粗壮，胸围达550cm。

图4—33

图4-34

图4-33 位于人民小学的两株古樟（从左到右）：G0123（树龄127年），G0121（树龄157年）

Fig.4-33 The 127-year-old tree G0123 and the 157-year-old tree G0121 of *Cinnamomum camphora* in Renmin Rrimary School. Photo: H. S. Liu.

图4-34 鸡母山上的古樟G0125（树龄137年）

Fig.4-34 The 137-year-old tree G0125 of *Cinnamomum camphora* on Jimu Hill. Photo: H. S. Liu.

图4-35

图4-35 厦门博物馆中的古樟G0175（树龄137年）

Fig.4-35 The 137-year-old tree G0175 of *Cinnamomum camphora* in Xiamen Museum. Photo: H. S. Liu.

4.1.3　秋枫　**Bischofia javanica** Blume

大戟科秋枫属常绿大乔木，高达40m，胸径可达2.3m。树干通直，但分枝较低。雌雄异株。树皮（灰）褐色，具红色汁液。掌状复叶互生，小叶3（~5）；托叶披针形，长0.8cm，膜质；总叶柄长8~20cm；顶生小叶柄长2~5cm，侧生小叶柄长0.5~2cm；小叶（倒）卵形、（卵状）椭圆形，长7~15cm，宽4~8cm，叶基宽楔形或钝，叶缘具锯齿2~3个/cm；纸质。圆锥花序腋生。果（近）球形，直径0.6~1.3 cm；淡褐色。种子长圆形，长约0.5cm。

原产我国南方，东南亚、南亚、澳大利亚和波利尼西亚也有分布。

秋枫为优良木材，可用于建筑、桥梁、车船；树皮可提取染料；果实可入药；种子含油量高；根可入药。此外，可作为行道树、林阴树。

由于白翅叶蝉危害严重，若未喷药，整株树的叶片常呈黄绿色（图4-37~4-39）。

秋枫属 *Bischofia* 仅2种，即 *B. javanica*、*B. polycarpa*。但中名较混乱，如《广州植物志》和《中国高等植物图鉴》把 *B. javanica*（=*B. trifoliata*）称为"重阳木""秋枫"；《中国种子植物科属词典》把 *B. trifoliata* 称为"重阳木"；《福建植物志》把 *B. javanica*

图4-36 秋枫古树G0025的树干

Fig. 4-36 The trunk of the tree G0025 of *Bischofia javanica*.
Photo: H. S. Liu.

图4-37 秋枫古树的叶（受白翅叶蝉危害）

Fig. 4-37 The leaves of *Bischofia javanica*.
Photo: H. S. Liu.

图4-36

图4-37

图4-38

图4-39

图4-38 位于漳州路的秋枫古树G0025
（树龄167年）

Fig.4-38 The 167-year-old tree G0025 of
Bischofia javanica in Zhangzhou Road.
Photo: H. S. Liu.

图4-39 位于复兴路的秋枫古树G0024
（树龄187年）

Fig.4-39 The 187-year-old tree G0024 of
Bischofia javanica in Fuxing Road.
Photo: H. S. Liu.

称为"重阳木"，*B. polycarpa* 称为"秋枫"；《中国植物志》把 *B. javanica* 称为"秋枫"，*B. polycarpa* 称为"重阳木"。"重阳木"一名很可能源于其果实成熟于重阳节，*B. polycarpa* 的果期刚好始于重阳节，故将 *B. polycarpa*、*B. javanica* 分别称为"重阳木""秋枫"较妥。

鼓浪屿登记在册的秋枫古树有5株，均为三级古树。

4.1.4　杧果（芒果）**Mangifera indica** L.

漆树科杧果属常绿大乔木，高达20m，胸径达1m。叶互生；叶柄长2~6cm；叶长圆形至长圆状披针形，长12~30cm，宽3.5~6.5cm；革质；侧脉于两面显著凸起。圆锥花序顶生，长20~35cm。核果肾形，长5~10cm，宽3~4.5cm；中果皮肉质，鲜黄色；内果皮压扁状。

原产东南亚大陆；热带地区广为栽培。

杧果系著名水果，也可酿酒；果皮、果核均可入药；木材可用于家具、车船。杧果为优良的行道树、林阴树。由于近年来杧果瘿

图4-40　位于鼓新路的杧果古树G0150（树龄117年）
Fig.4-40 The 117-year-old tree G0150 of *Mangifera indica* in Guxin Road.
Photo: H. S. Liu.

图4-40

图4—41

蚊和炭疽病危害严重，在其抽新梢时均须喷药。

鼓浪屿登记在册的杧果古树有4株，均为三级古树，其中，G0094，G0098的胸径超过1m。

4.1.5 龙眼（桂圆）**Dimocarpus longan** Lour.

无患子科龙眼属常绿乔木，高约10m，稀为高达40m、胸径1m的大乔木。偶数羽状复叶，互生，长30cm或更长，小叶（3～）4～5

图4-41 位于永春路的杧果古树G0098
（树龄177年）
Fig.4-41 The 177-year-old tree G0098 of *Mangifera indica* in Yongchun Road.
Photo: H. S. Liu.

图4-42 位于福建路的龙眼古树G0008
（树龄137年）
Fig.4-42 The 137-year-old tree G0008 of *Dimocarpus longan* in Fujian Road.
Photo: H. S. Liu.

图4-42

图4-43

（～6）对；小叶长圆状椭圆形至长圆状披针形，两侧常不对称，长
6～15cm，宽2.5～5cm；薄革质；两面无毛，叶面深绿色、具光
泽，叶背粉绿色。花序大型，多分枝，顶生或近顶生（腋生于靠近枝
条顶端的位置），密被星状毛。果实近球形，直径1.2～2.5cm；黄褐
色，稍粗糙或有少量微凸的小瘤体。种子褐色，具光泽，外被肉质
假种皮。

原产我国福建、广东等地，亚热带地区广为栽培。

龙眼不仅是著名的水果，且可入药，也是优良的庭园绿化树种。

鼓浪屿早期的庭院中时常可以见到龙眼。鼓浪屿登记在册的龙
眼古树共2株（G0008、G0113），其中，G0113因台风折断树干，正在
恢复之中。

图4-43 龙眼古树的羽状复叶
Fig.4-43 The leaves of the ancient tree of *Dimocarpus longan*.
Photo: H.S.Liu.

图4-44 山牡荆古树的掌状复叶
Fig.4-44 The leaves of *Vitex quinata*.
Photo: H.S.Liu.

图4-45 山牡荆古树的树皮
Fig.4-45 The bark of *Vitex quinata*.
Photo: H.S.Liu.

图4-44

图4-45

4.1.6　山牡荆（薄姜木）**Vitex quinata** (Lour.) Williams

马鞭草科牡荆属常绿乔木，高可达12m。掌状复叶对生，叶柄2.5～6cm，具小叶3～5；小叶倒卵形至倒卵状椭圆形；小叶柄0.5～2cm。圆锥花序顶生。果倒卵形至球形，直径约0.8cm；黑色。

原产我国南方，日本、印度、东南亚也有分布。

本种可作为林阴树；木材可制家具。

鼓浪屿登记在册的山牡荆古树有2株（G0020，G0136），均为三

图4-46 位于复兴路的山牡荆古树G0020（树龄187年）

Fig. 4-46 The 187-year-old tree G0020 of *Vitex quinata* in Fuxing Road.
Photo: H. S. Liu.

图4-46

图4—47

级古树。

4.1.7　罗汉松 Podocarpus macrophyllus (Thunb.) Sw.

罗汉松科罗汉松属乔木，高达20m，胸径达0.6m。树皮薄片状脱落；树枝开展或斜向上展，密集。叶螺旋状互生，无柄；条状披针形，长7～12cm，宽0.7～1cm；中脉于叶面显著凸起。雄球花腋生，常3～5个簇生于极短的总梗上，穗状，长3～5cm；雌球花单生于叶

图4-47　位于笔山公园的山牡荆古树 G0136（树龄157年）

Fig.4-47 The 157-year-old tree G0136 of *Vitex quinata* in Bishan Park.
Photo: H. S. Liu.

图4-48　位于复兴路的罗汉松古树G0104（树龄117年）

Fig.4-48 The 117-year-old tree G0104 of *Podocarpus macrophyllus* in Fuxing Road.
Photo: H. S. Liu.

图4-48

图4—49

图4—49 位于复兴路的罗汉松古树G0112
（树龄127年）

Fig.4-49 The 127-year-old tree G0112 of
Podocarpus macrophyllus in Fuxing Road.
Photo: H. S. Liu.

腋，具梗。种托（紫）红色，圆柱形；肉质假种皮黑紫色，具白粉；种子卵圆形，直径1cm。

原产我国长江以南，日本也有分布。

罗汉松可制家具，为优良的庭园植物及盆栽植物。

鼓浪屿登记在册的罗汉松古树有2株（G0104、G0112），均为三级古树。

4.1.8 榔榆 *Ulmus parvifolia* Jacq.

榆科榆属落叶乔木，高达25m，胸径达1m。树冠广圆形。树皮灰（褐）色，鳞片状脱落。叶较厚，披针状卵形至狭椭圆形，

图4-50 人民小学中的榔榆古树G0115（树龄137年）

Fig.4-50 The 137-year-old tree G0115 of *Ulmus parvifolia* in Renmin Rrimary School. Photo: H. S. Liu.

图4-50

图4-51

图4-52

图4-53

图4-51，图4-52 榔榆古树的叶和果实

Figs.4-51 & 4-52 The leaves and fruits of the ancient tree of *Ulmus parvifolia* (from left to right).

Photo: H.S. Liu.

图4-53 榔榆古树的树干

Fig.4-53 The trunk of the ancient tree of *Ulmus parvifolia*.

Photo: H.S. Liu.

长2.5~5cm，宽1~2cm，叶身于中脉两侧的长宽明显不等；叶面深绿色，具光泽，叶背浅绿色，叶缘具锯齿；侧脉10~15对；叶柄0.2~0.6cm。聚伞花序具花3~6。翅果褐色，卵状椭圆形，长1~1.3cm，宽0.6~0.8cm。

原产我国河北以南各地，朝鲜、韩国、日本、越南、印度也有分布。

榔榆木材可用于制造家具、车船；为重要的盆景及庭园植物。

鼓浪屿登记在册的榔榆古树有2株（G0115，G0131），均为三级古树。

4.1.9 洋蒲桃（莲雾）**Syzygium samarangense** (Bl.) Merr. & Perry

桃金娘科蒲桃属常绿乔木，高达12m，胸径可达1m。小枝压扁。叶柄长0~0.4cm；叶长椭圆形，长10~22cm，宽5~8cm；叶背具多数细小腺点；侧脉14~19对，呈45°角斜向上并于距叶缘0.5cm处结合成边脉，距叶缘0.15cm处具有1条附加脉；薄革质。聚伞花序长5~6cm。果洋红色，具光泽；肉质；梨形至锥形，长4~5cm，顶部凹陷；肉质萼片宿存。

原产泰国、马来西亚、印度尼西亚和巴布亚新几内亚。

洋蒲桃是著名的热带水果。

据原有的记录，鼓浪屿的洋蒲桃（莲雾）古树

图4-54

有2株。事实上，鼓浪屿的洋蒲桃古树仅1株（编号G0055，在观海园内），而编号G0162的古树虽然是桃金娘科的植物，但决非本种。

图4-54 洋蒲桃古树的叶
Fig.4-54 The leaves of the ancient tree of
Syzygium samarangense.
Photo: H. S. Liu.

图4-55 观海园中的洋蒲桃古树G0055
（树龄137年）
Fig.4-55 The 137-year-old tree G0055 of
Syzygium samarangense in Guanhai Garden.
Photo: H. S. Liu.

图4-55

4.1.10　大叶桃花心木　Swietenia macrophylla King

　　楝科桃花心木属大乔木，高25～40（～60)m，胸径1（～3)m。树干通直，圆柱形；树皮粗糙，鳞片状脱落。偶数羽状复叶互生，长达70cm，小叶（2～）4～6（～8）对；小叶卵形至披针形，长达31cm；侧脉8～12对。圆锥花序近顶生，长8～13cm。蒴果直立，木质，长卵形，长达22cm，直径达8cm；褐色。

　　原产墨西哥至南美洲的秘鲁、玻利维亚和巴西。

图4—56

大叶桃花心木是南美洲最重要的楝科木材——桃花心木木材的主要来源〔桃花心木木材的其他来源是该属的其余两种植物——桃花心木 *Swietenia mahagoni* (L.) Jacq.和矮桃花心木 *S. humilis* Zucc.〕。但历史上被称为"桃花心木"的种类多达35科近200种植物[12]。

桃花心木 *Swietenia mahagoni* 是桃花心木属植物中最早被发现并被命名的,其名称源于西班牙语"mahogany"[13]。它很早就被用于修船,直至200年后Buckingham对用其制成的蜡烛盒工艺品大加赞赏后,它才开始流行。桃花心木及其他材质相近的树种被大量开采,当时的英属洪都拉斯(现为伯利兹)因供应被认为是桃花心木的木材而闻名于世。直至1886年,该木材的真实身份才随着King对大叶桃花心木的命名而澄清。

由于大叶桃花心木生长非常迅速,市场上所销售的桃花心木木材基本上产自大叶桃花心木,印度和尼日利亚是大叶桃花心木的主要引种生产地。

鼓浪屿的大叶桃花心木古树(G0066)是国内最大的大叶桃花心木,高23m,胸径1m,位于延平公园国姓井旁。由于早期的国内分类文献将大叶桃花心木误定为桃花心木,因而,鼓浪屿的这株大叶桃花心木也被误定为桃花心木。目前,在广东、福建等被称为"桃花心木"或"非洲桃花心木"的行道树是果(近)球形的非洲楝 *Khaya senegalensis* (Desr.) A. Juss.,而非真正的桃花心木。

4.1.11 马尾松 Pinus massoniana Lamb.

松科松属常绿大乔木,高达45m,胸径达1.5m,树冠宽塔形或伞形;树皮(红)褐色,鳞片状脱落。针叶2(~3)一束,长12~20cm。球果(圆锥状)卵圆形,长3~7cm,直径2.5~5cm。

原产我国陕西、河南、山东南部及以南地区。

马尾松为荒山恢复森林的先锋树种。可供建筑、枕木、矿柱、家具用材及造纸、采松脂。

鼓浪屿登记在册的马尾松古树仅1株(G0130),为三级古树,位于鸡母山上。

图4-56 延平公园中的大叶桃花心木古树G0066 (树龄107年)

Fig.4-56 The 107-year-old tree G0066 of *Swietenia macrophylla* in Yanping Park. Photo: H. S. Liu..

①《中国植物志》原使用的学名是 *Sabina chinensis* (L.) Ant 现已作异名处理，见《Flora of China》第四卷。

图4-57

4.1.12 圆柏 Juniperus chinensis L.①

　　柏科刺柏属常绿灌木至乔木，高达25m。树冠尖塔形至不规则；树皮灰褐色；大枝伸展；小枝直或弧状弯曲，圆柱状或四棱状，直径约0.1cm。叶二型，针叶出现于幼树和成龄株，松散排列，呈三叶交互轮生，近披针形，长0.6～1.2cm，表面具两条白粉带；鳞叶仅出现于成龄株，紧密排列，呈三叶交互轮生，椭圆形，长0.2～0.3cm。雄球花黄色。球果近球形，直径0.5～0.8cm，具种子

图4-57 位于鸡母山的马尾松古树G0130（树龄237年）

Fig. 4-57 The 237-year-old tree of G0130 *Pinus massoniana* on Jimu Hill.
Photo: H. S. Liu.

1～4。种子卵形，扁，长0.3～0.6cm，宽0.2～0.5cm。

原产我国，韩国、朝鲜、日本、俄罗斯东部均有分布。

圆柏可作建筑、家具用材；枝叶入药；是常用的绿化树种。

鼓浪屿登记在册的圆柏古树仅1株（G0135），为三级古树，在美华疗养院内。

图4-58

图4-58 美华疗养院中的圆柏古树G0135（树龄107年）

Fig.4-58 The 107-year-old tree G0135 of *Juniperus chinensis* in Meihua Sanitarium. Photo: H.S.Liu.

4.1.13　紫檀 **Pterocarpus indicus** Willd.

豆科紫檀属落叶大乔木，高15～30m，胸径达1.3m。羽状复叶长20～40cm，小叶（5～）7～11；小叶阔披针形长6～12cm，宽4～7cm，小叶柄长约0.5cm；叶身薄纸质。花序常腋生；花黄色。荚果扁球形，直径约4cm；果柄短。

原产我国云南、广东、台湾，南至印度、巴布亚新几内亚、太平洋群岛。

紫檀是优良的建筑、乐器、家具用材，也是良好的林阴树。

鼓浪屿登记在册的紫檀古树仅1株（G0132），为三级古树，在厦

图4—59

图4-60

门华侨亚热带植物引种园内。该古树高28m，胸径1.3m，系国内最大的紫檀。

4.1.14 印度榕 Ficus elastica Roxb.

桑科榕属常绿大乔木，高20～30m，胸径达1m。树皮灰白色，光滑；具气生根；小枝粗壮。托叶深红色，长约10cm，膜质，脱落后具明显环状痕迹；叶柄粗壮，长2～5cm；叶长圆形至椭圆形，长

图4-59 引种园中的紫檀古树G0132（树龄107年）

Fig.4-59 The 107-year-old tree G0132 of *Pterocarpus indicus* in Xiamen Overseas Chinese Subtropical Plant Introduction Garden. Photo: H. S. Liu.

图4-60 紫檀古树的羽状复叶和花

Fig.4-60 The leaves and flowers of the ancient tree of *Pterocarpus indicus*. Photo: H. S. Liu.

图4-61 印度榕古树的叶

Fig.4-61 The leaves of the ancient tree of *Ficus elastica*. Photo: H. S. Liu.

图4-61

图4-62 位于鼓新路的印度榕古树G0173（树龄147年）
Fig.4-62 The 147-year-old tree G0173 of *Ficus elastica* in Guxin Road. Photo: H. S. Liu.

图4-62

8～30cm，宽7～10cm；厚革质；叶面深绿色，具光泽，叶背浅绿色；侧脉多，紧密排列，不明显。榕果成对生于已落叶的小枝上；卵圆形，长1cm，直径0.5～0.8cm；无柄；黄绿色。基生苞片风帽状，脱落后具明显的环状痕迹。雄花、雌花、瘿花同生于榕果内壁。瘦果卵圆形。

原产我国云南至南亚、东南亚地区。

印度榕是风景树、林阴树、盆栽植物。在早期则是橡胶的来源之一。

鼓浪屿登记在册的印度榕古树仅1株（G0173），为三级古树，位于鼓新路42号内。

4.1.15 台湾苏铁 Cycas taiwaniana Carruth.

苏铁科苏铁属棕榈状常绿植物，高达5m，胸径40cm。羽状叶长2m；羽片革质；长达35cm，宽达1.4cm。雄球花高50cm，直

图4-63　菽庄花园中的台湾苏铁枣椰古树A038（树龄202年）

Fig. 4-63 The 202-year-old tree A038 of *Cycas taiwaniana* in Shuzhuang Garden. Photo: H. S. Liu.

图4-63

径10cm；大孢子叶紧密排列，长约20cm，中上部两侧着生4～6枚胚珠。

原产我国云南、广西、广东。

台湾苏铁可用于庭院绿化。

鼓浪屿的台湾苏铁古树系调查后新增加的古树，仅1株（A038），位于菽庄花园内。

4.1.16 五棱大戟 Euphorbia neriifolia L.

大戟科大戟属灌木至小乔木，高3～5（～8）m，胸径达0.5m。

图4-64 位于内厝澳路的五棱大戟古树A001（树龄152年）

Fig.4-64 The 152-year-old tree A001 of *Euphorbia neriifolia* in Neicuoao Road. Photo: H. S. Liu.

图4-65 五棱大戟古树的叶及螺旋状排列的结节

Fig.4-65 The leaves and 5 spiral ranks of tubercles of the ancient tree of *Euphorbia neriifolia*. Photo: H. S. Liu.

图4-64

图4-65

枝条绿色，具5条螺旋状排列的脊。托叶成对，刺状，长0.2～0.3cm；叶互生于嫩枝的顶端，肉质；叶柄短，长0.2～0.4cm；叶倒卵形至长圆状匙形，长4～12cm，宽1～4cm；叶脉不明显。花序腋生；具1枚位于中央的雌花和多数位于雌花周围的雄花，花序柄长约0.3cm；苞叶2枚，膜质、早落；总苞钟状，边缘5裂；腺体5，肉质，边全缘。

原产印度。

五棱大戟可供药用、观赏。

五棱大戟 *Euphorbia neriifolia* 和 *E. antiquorum*、*E. royleana* 的形态相近。其中，*E. neriifolia* 被《中国高等植物图鉴》等称为"金刚纂"，被《北京植物志》等称为"霸王鞭"，而 *E. antiquorum* 被《海南植物志》称为"金刚纂"，*E. royleana* 被《云南种子植物名录》称为"霸王鞭"。因而，这三种植物很容易相混。实际上，*E. neriifolia* 具5条不明显的棱，而 *E. antiquorum* 具3（～4）条棱脊，*E. royleana* 具5～7条棱脊。故本文仍沿用文献[7]采用的"五棱大戟"作为 *E. neriifolia* 的中名。

鼓浪屿的五棱大戟古树系调查后新增加的古树，仅1株（A001），位于内厝澳57号内，是国内最粗的五棱大戟。

4.1.17　火焰树（喷泉树）**Spathodea campanulata** Beauv.

紫葳科火焰树属常绿乔木，高10m。奇数羽状复叶，对生，长约0.5m；小叶9～17枚，叶片椭圆形至倒卵形，长5～10cm，宽4～5cm。花序顶生；花萼佛焰苞状，长5～6cm；花冠红色，长达10cm，裂片5。蒴果长15～25cm，宽3.5cm。种子具翅，直径约2cm。

图4-66

图4-66　位于笔山路的火焰树古树A039（树龄104年）
Fig.4-66 The 104-year-old tree A039 of *Spathodea campanulata* in Bishan Road. Photo: H. S. Liu.

图4-67　鼓浪屿福建路32号内的两株圆叶蒲葵古树（从左到右）：A009、A008（树龄均为102年）
Fig.4-67 The two 102-year-old trees A009 and A008 of *Livistona rotundifolia* at 32 Fujian Road. Photo: H. S. Liu.

原产热带非洲。

火焰树是优良的风景树、行道树。

鼓浪屿的火焰树古树系调查后新增加的古树，仅1株（A040），在原厦门大学校长林文庆先生所捐给厦门大学的位于笔山路的别墅之中。

4.1.18　圆叶蒲葵 Livistona rotundifolia (Lam.) Mart.

棕榈科蒲葵属乔木状常绿植物，单干型，高18～45m，胸径约20cm。茎干较光滑，无宿存叶基，具叶环痕。叶直径1.5m，掌状分裂，裂片常不下垂；叶柄长达2m。花序腋生，长达1.5m，分枝达4级；花单生或簇生；淡黄色。果球形至近球形，直径约2cm；红色，后转为黑褐色。种子球形，直径约1.2cm。

原产东南亚。

图4-67

　　圆叶蒲葵是东南亚著名的风景树。在新加坡等国家，如果你见到一种高大而又很苗条的掌状叶棕榈植物，那很可能就是圆叶蒲葵[2]。圆叶蒲葵不仅可以作为风景树、行道树，还特别适合别墅造景。圆叶蒲葵在幼时叶身浅裂，轮廓为圆形，且生长很慢，故常被用作高级的盆栽观赏植物。

　　鼓浪屿的圆叶蒲葵古树系调查后新增加的古树，有2株（A008、A009），在福建路32号之内。这两株是内地最早引种、最高的圆叶蒲葵。

4.1.19　非洲枣椰 Phoenix reclinata Jacq.

　　棕榈科枣椰属常绿乔木状植物，丛生型，茎干高0～10（～15)m，胸径20cm。羽状叶长2～4（～6)m；亮绿色，稀为灰绿色；羽片数约210，羽片坚韧，长30～40cm，宽3cm，羽片背面具白色鳞秕；末端的羽片排列成一平面。花序腋生；雄花淡黄色，花瓣先端具齿。果实椭圆形，长1.5～2cm。种子椭圆形，长1.2～1.5cm。

　　原产热带非洲。

　　非洲枣椰属于大型的丛生型棕榈植物，是优良的风景树，可用

图4-68　位于鹿礁路的非洲枣椰古树
A018（树龄102年）

Fig.4-68　The 102-year-old tree A018 of
Phoenix reclinata in Lujiao Road.
Photo: H. S. Liu.

图4-68

于公园、大学校园、广场。

　　鼓浪屿的非洲枣椰古树系调查后新增加的古树，仅1株（A018），位于鹿礁路7号，是内地最早引种的非洲枣椰。国内早期的分类文献曾将非洲枣椰误定为*Phoenix sylvestris*。事实上，后者属于单干型，羽片背面无白色鳞秕。

4.1.20　台湾枣椰（刺葵）**Phoenix loureiroi** Kunth

　　棕榈科枣椰属灌木状常绿植物，单干或丛生，高达9m，胸径35cm。茎干具紧密排列的菱形叶基。羽状叶长2m；羽片长约35cm，坚

图4-69　位于田尾路的台湾枣椰古树A028（树龄152年）

Fig.4-69　The 152-year-old tree A028 of *Phoenix loureiroi* in Tianwei Road. Photo: H. S. Liu.

图4-69

图4-70

图4-70 位于日光岩的台湾枣椰古树A039（树龄102年）

Fig.4-70 The 102-year-old tree A039 of *Phoenix loureiroi* in Sunlight Rock Scenic Spot.

Photo: H. S. Liu.

图4-71 台湾枣椰古树A028的叶和花序

Fig.4-71 The leaves and inflorescence of the ancient tree A028 of *Phoenix loureiroi*.

Photo: H. S. Liu.

韧，在叶轴两侧排列成多个方向。花序腋生。果实长圆形，长约1.5cm。

台湾枣椰原产我国南部（台湾、广东、香港、海南、云南）、印度。

台湾枣椰特别适合别墅造景。也可作为大型盆景。

鼓浪屿的台湾枣椰古树系调查后新增加的古树，共2株（A028，A039），其中，A028是世界最高的台湾枣椰。

图4-71

4.2 名木

4.2.1 诺福克南洋杉（异叶南洋杉）**Araucaria heterophylla** (Salisb.) Franco

南洋杉科南洋杉属常绿大乔木，高达70m，胸径达2m。树皮块状脱落、较粗糙。主干的侧枝水平、悬垂或斜向上升，末级小枝较长，排列较紧密。幼树末级小枝的叶线形，先端内曲，覆瓦状排列，长6～12.5mm；成龄株末级小枝的叶鳞片状，长4～8mm，

图4-72

背面无明显的脊。雄球花长4～9cm，直径0.8～2cm；雌球花长
7.5～12cm，直径6～10cm。种子长2.5～3cm。

　　原产澳大利亚诺福克群岛。

　　诺福克南洋杉是优良的风景树、行道树、盆栽植物。

　　在鼓浪屿作为名木的诺福克南洋杉仅1株（G0030），位于毓园，系
邓颖超同志亲手所植，以纪念我国著名妇产科医生林巧稚大夫。由于
早期的国内分类文献将诺福克南洋杉和南洋杉相混，故该名木被误定
为南洋杉。

图4-72 毓园中的诺福克南洋杉名木
G0030（树龄32年）
Fig.4-72 The 32-year-old famous tree G0030 of
Araucaria heterophylla in Yuyuan Park.
Photo: H.S.Liu.

图4-73 毓园中的柱状南洋杉名木G0031
（树龄32年）
Fig.4-73 The 32-year-old famous tree G0031
of *Araucaria columnaris* in Yuyuan Park.
Photo: H.S.Liu.

4.2.2　柱状南洋杉 **Araucaria columnaris** (J. R. Forst.) Hooker

　　南洋杉科南洋杉属常绿大乔木，高达60m，胸径1.2m。树皮薄片状脱落、较平滑。主干的侧枝水平伸展，末级小枝较短、排列较松散。幼树末级小枝的叶线状披针形，先端内曲，覆瓦状排列，长4～7mm；成龄株末级小枝的叶鳞片状，具中脉，长4～7mm。雄球花长5～10cm，直径1.5～2cm；雌球花长10～15cm，直径7～10cm。种子长3～3.5cm。

　　原产新喀里多尼亚。

　　柱状南洋杉是优良的风景树、行道树。

　　鼓浪屿仅有的1株柱状南洋杉（G0031），位于毓园，系邓颖超同志

图4-73

亲手所植，以纪念我国著名妇产科医生林巧稚大夫。由于早期的国内分类文献将诺福克南洋杉和南洋杉相混，而诺福克南洋杉和柱状南洋杉又非常相似，故该名木被误定为南洋杉。迄今为止，国内仅有这1株柱状南洋杉。

4.2.3 加勒比合欢 Albizia niopoides (Spruce ex Benth.) Burkart

豆科合欢属落叶乔木，高10～25（～30）m。树冠呈伞形，茎干分枝点低，树皮光滑。二回羽状复叶，长10～15cm；羽片3～8（～9）对，长2.5～6.5cm；小羽片20～50对；线形，长4～6mm，宽1mm。花小，白色；雄蕊25～30。荚果长8～13cm，宽约1.5cm，顶端具喙。

原产热带美洲。

加勒比合欢是南美洲最优美的风景树。

鼓浪屿的2株加勒比合欢大树（A041，A042）位于厦门华侨亚热带植物引种园内，是鼓浪屿最高的树，高达29m，也是国内首次确认的 *Albizia niopoides* 的活体植物。

图4-74 引种园的加勒比合欢名木 A0041、A0042（树龄均为52年）

Fig. 4-74 The two 52-year-old famous trees A0041 and A0042 of *Albizia niopoides* of Xiamen Overseas Chinese Subtropical Plant Introduction Garden.
Photo: H. S. Liu.

图4-74

第五章

7种古树名木的正名、增补

5.1　我国分类学文献中楝科部分种类订正与鼓浪屿古树G0066的正名

桃花心木属 *Swietenia* 共3种植物，即大叶桃花心木 *S. macrophylla*、桃花心木 *S. mahagoni* 和矮桃花心木 *S. humilis*，均产美洲。《中国植物志》共收录1种。

Swietenia macrophylla King in Hooker's Icon. Pl.：16, t. 1550. 1886. Type：India, Calcutta Botanic Garden, *King s.n.* (holotype, K!).

Swietenia mahagoni auct. non (L.) Jacq.：F. C. How & D. Z. Chen, Acta Phytotax. Sin. 4 (1)：31. 1955；F. C. How, Fl. Guangzhou：441. 1956；Institute of Botany, CAS, Iconogr. Cormophyt. Sin. 2：571. 1972；Kunming Institute of Botany, CAS, Fl. Yunnan. 1：213. 1977；M. X. Huang in Fl. Guangdong 2：296. 1991；P. Y. Chen in Fl. Reip. Pop. Sin. 43 (3)：44. 1997；P. Y. Chen in Higher Plants of China 8：378. 2001；H. Peng & D. J. Mabberley in Fl. China, 11：116. 2008.

文献 [14] 所列凭证标本"陈少卿8312"、"黄成160377"均被错误鉴定，见图5－1～图5－2。文献 [14] 称桃花心木 *Swietenia mahagoni* 高25m以上，叶长约35cm，小叶长10～16cm，原产南美洲

图5-1

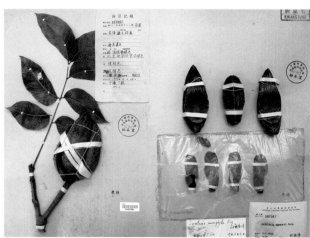

图5-2

图5-1 被误订为*Swietenia mahagoni*的
*S. macrophylla*的凭证标本（黄成*160377*，
IBSC）

Fig.5-1 The specimen of *Swietenia macrophylla*
misidentified as *S. mahagoni* in *Acta
Phytotaxonomica Sinica* (C. Huang 160377,
IBSC).

Photo: H. S. Liu.

图5-2 被误订为*Swietenia mahagoni*的
*S. macrophylla*的凭证标本（陈少卿*8312*，
IBSC）

Fig.5-2 The specimen of *Swietenia
macrophylla* misidentified as *S. mahagoni* in
Acta Phytotaxonomica Sinica (S. H. Chun 8312,
IBSC).

Photo: H. S. Liu.

图5-3 桃花心木的树干（厦门）

Fig.5-3 The stem of *Swietenia mahagoni* at
Xiamen.

Photo: H. S. Liu.

图5-3

图5-4

图5-5

图5-6

图5-4 桃花心木（厦门）

Fig.5-4 The tree of *Swietenia mahagoni* at Xiamen
Photo: H. S. Liu.

图5-5 桃花心木的叶（厦门）

Fig.5-5 The leaves of *Swietenia mahagoni* at Xiamen.
Photo: H. S. Liu.

图5-6 桃花心木（广州）

Fig.5-6 The tree of *Swietenia mahagoni* at Guangzhou.
Photo: H. S. Liu.

图5-7 桃花心木的树干（广州）

Fig.5-7 The stem of *Swietenia mahagoni* at Guangzhou.
Photo: H. S. Liu.

图5-8 大叶桃花心木古树（G0066）的叶和果

Fig.5-8 The leaves and fruit of the ancient tree of *Swietenia macrophylla* (G0066).
Photo: H. S. Liu.

图5-9 大叶桃花心木古树（G0066）的树干

Fig.5-9 The trunk of the ancient tree of

Swietenia macrophylla (G0066).
Photo: H. S. Liu.

图5-10 大叶桃花心木古树（G0066）的胎座

Fig.5-10 The placenta of G0066.
Photo: H. S. Liu.

图5-11 大叶桃花心木古树（G0066）的种子

Fig.5-11 The seeds of G0066.
Photo: H. S. Liu.

图5-7

图5-9

图5-8

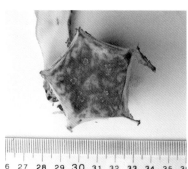

图5-10

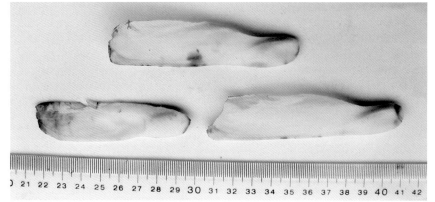

图5-11

均有误。事实上，桃花心木 *S. mahagoni* 高12～15（～25)m，羽状复叶长20～25cm，小叶长3.5～6（～10)cm。南美洲仅分布桃花心木属中的 *S. macrophylla*（原产墨西哥至南美洲的秘鲁、玻利维亚和巴西），而 *S. mahagoni* 原产北美洲的佛罗里达南端至西印度群岛。显然，文献[14]已将 *S. macrophylla* King 误作 *S. mahagoni* (L.) Jacq.（这两种植物的模式标本见附录的附图Ⅰ，附图Ⅱ）。

文献[15～20]均沿用了原有的错误鉴定结论。其中，文献[19]中将文献[21]的检索表中的"叶长3～8cm、果长7.5～10cm"的"桃花心木"称为"大叶桃花心木"，表明文献[19]仍延续了原有的错误鉴定。文献[19]称 *Swietenia mahagoni* 栽培于福建（厦门）等省区，但据调查，厦门仅存1株 *S. mahagoni*（图5-3～图5-5)。广州的 *S. mahagoni*（现于华南农业大学校园）系目前调查中所见到的国内最大的桃花心木（图5-6～图5-7)。

文献[21]曾指出文献[14, 17]中的鉴定错误，但仍沿用了上述文献"桃花心木原产南美洲"的这一错误结论，其提供的

图5—12

图5—12 引种于20世纪60年代的大叶桃花　　　introduced in 1960's.
心木　　　　　　　　　　　　　　　　　　　　Photo: H. S. Liu.

Fig.5—12 The tree of *Swietenia macrophylla*

S.mahagoni 和 S. macrophylla 的检索表认为"大叶桃花心木的小叶长11~19cm"。事实上，S. macrophylla 的不少小叶的长度小于11cm，见凭证标本（图5-2）和模式标本（附图Ⅱ）。因而，该文献仍未完全正确区分这两种植物。

文献[22]虽认为"The identity of the trees cultivated in China needs to be confirmed as some of them may be Swietenia macrophylla King"，但未对原有的鉴定错误进行订正。

文献[23]把上述分类文献的 Swietenia mahagoni 订正为 S. macrophylla King。基于文献[23]的订正，确认鼓浪屿现有的桃花心木属植物（包括古树G0066）均是大叶桃花心木 Swietenia macrophylla King（图5-8~图5-12）。其中，高达23m，胸径1m的古树G0066是目前所知的国内最高、茎干最粗的大叶桃花心木。

5.2 中国分类学文献中南洋杉科部分种类订正与鼓浪屿名木G0030、G0031的正名

南洋杉属 Araucaria 共有19种，均分布于南半球，《中国植物

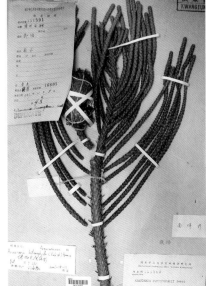

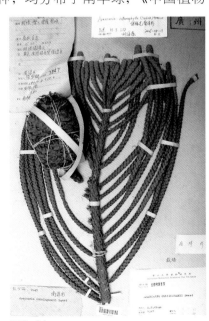

图5-13 被误订为*Araucaria cunninghamii*的*A. heterophylla*的凭证标本（蒋英*16605*，IBSC）

Fig.5-13 The specimen of *Araucaria heterophylla* misidentified as *A. cunninghamii* in *Flora of Guangzhou* (*Y. Tsiang 16605*, IBSC). Photo: H. S. Liu.

图5-14 被误订为*Araucaria cunninghamii*的*A. heterophylla*的凭证标本（陈少卿*7347*，IBSC）

Fig.5-14 The specimen of *Araucaria heterophylla* misidentified as *A. cunninghamii* in *Flora of Guangzhou* (*S. H. Chun 7347*, IBSC). Photo: H. S. Liu.

图5-13   图5-14

图5-15   图5-16

志》共记录了3种，即*Araucaria cunninghamii*、*A.heterophylla*、*A. bidwillii*。

Araucaria heterophylla (Salisb.) Franco in An. Inst. Super. Agron. 19：11. 1952. Type：Australia, Norfolk Island, *P. G. King s.n.* (lectotype, G!).——*Eutassa heterophylla* Salisb. in Trans. Linn. Soc. London 8：316. 1807.

Araucaria cunninghamii auct. non Aiton ex A. Cunn.：H. H. Hu, Econ. Pl. Manual 1955；F. C. How. Fl. Guangzhou. 68. 1956；W. C. Cheng, Dend. China. 227. 1961；W. C. Cheng & L. K. Fu in Fl. Hainan. 1：214.1964；Institute of Botany, CAS, Icon. Cormophyt. Sin. 1：316. 1972；W. C. Cheng, L. K. Fu & C. Y. Cheng, Acta Phytotax. Sin. 13 (4)：56. 1975；W. C. Cheng & L. K. Fu in Fl. Reip. Pop. Sin. 7：28. 1978；W. C. Cheng et al. in Sylva Sin. 1：160. 1982；L. K. Fu et al. in Fl. China 4：9. 1999；L. K. Fu in Higher Plants of China 3：13. 2000.

文献 [24] 中就 *Araucaria cunninghamii*、*A. heterophylla* 给出了错误的检索表，即把 *A. cunninghamii* 误作 *A. heterophylla*，把 *A. heterophylla* 误作 *A. cunninghamii*。文献 [15] 中所给出的凭证标本"陈少卿7347"、"蒋英16605"均属错误鉴定（图5-13～图5-14）。

文献 [25～32] 均沿用了原有的错误鉴定结论。其中，文献 [28]

图5-15 南洋杉（左）和诺福克南洋杉（右）的幼树的叶

Fig.5-15 The juvenile leaves of *Araucaria cunninghamii* (left) and *A. heterophylla* (right). Photo: H. S. Liu.

图5-16 被误订为*Araucaria cunninghamii*的*A. heterophylla*的凭证标本（洪俊坚235，PE）

Fig.5-16 The specimen of *Araucaria heterophylla* misidentified as *A. cunninghamii* in Flora Reipublicae Popularis Sinicae (*J. J. Hong 235*, PE). Photo: H. S. Liu.

图5-17 诺福克南洋杉（左）和柱状南洋杉（右）

Fig.5-17 The tree of *Araucaria heterophylla* (left) and the tree of *A. columnaris* (right). Photo: H. S. Liu.

图5-18 南洋杉

Fig.5-18 The tree of *Araucaria cunninghamii* (*J. J. Hong 235*, PE). Photo: H. S. Liu.

①由于早期也有将诺福克群岛译作诺和克
群岛，故诺福克南洋杉曾被称作诺和克南
洋杉。

中给出了错误的检索表。该检索表称 *Araucaria cunninghamii* 的
叶"上下扁"、*A. heterophylla* 的叶"钻形、通常两侧扁"，这正好
与事实相反。南洋杉 *A. cunninghamii* 幼树的末级小枝的叶呈两侧
扁的钻形（腹背两面具明显的脊）（图5–15）、成龄株的末级小枝的叶呈
四棱状钻形，而诺福克南洋杉① *A. heterophylla*（也称异叶南洋杉）幼
树的末级小枝的叶细长呈线形（腹面无明显的脊，故不可能为钻形）（图
5–15）、成龄株的末级小枝的叶扁平呈鳞片状。两者的树冠也明显不
同（图5–17左侧树，图5–18）。两者的模式标本见附图Ⅲ～附图Ⅳ。

图5–17   图5–18

图5-19 柱状南洋杉侧枝末端
Fig.5-19 The top of branches of *Araucaria columnaris*.
Photo: H. S. Liu.

图5-20 柱状南洋杉的树皮
Fig.5-20 The bark of *Araucaria columnaris*.
Photo: H. S. Liu.

图5-21 南洋杉的树皮
Fig.5-21 The bark of *Araucaria cunninghamii*.
Photo: H. S. Liu.

图5-22 诺福克南洋杉的树皮
Fig.5-22 The bark of *Araucaria heterophylla*.
Photo: H. S. Liu.

图5-20

图5-21

图5-19

图5-22

文献 [30] 虽然对标本"陈少卿8280"的鉴定是正确的，但检索表、文字、图没有以该标本为基础来描述 *Araucaria cunninghamii*，反而参照了被错误鉴定的标本"洪俊坚 235"(图5-16)。此外，文献 [30] 沿用了文献 [28] 的错误的检索表和图，且引证了《广州植物志》《经济植物手册》《中国树木学》等分类文献，而这些文献均给出了错误的鉴定。文献 [33] 曾对文献 [30] 的图表示异议，但并未对以往的错误进行订正。

文献 [4] 把引种1864年、高35m、胸径123cm的南洋杉 *Araucaria cunninghamii* 误作 *A. heterophylla*，显然是基于上述文献 [25～31]。

文献 [34] 把上述文献中的 *Araucaria cunninghamii* 和 *A. heterophylla* 分别订正为 *A. heterophylla* (Salisb.) Franco 和 *A. cunninghamii* Aiton ex A. Cunn.。基于文献 [34] 的订正及文献 [35]，确认鼓浪屿名木G0030和G0031（图5-17）均非

A. cunninghamii，其中，编号G0030的名木是诺福克南洋杉 *A. heterophylla* (Salisb.) Franco（图5-17左侧树），编号G0031的名木是柱状南洋杉 *A. columnaris* (J. R. Forst.) Hooker（图5-17右侧树），后者在国内系首次确认。图5-19是柱状南洋杉的侧枝末端。图5-20~图5-22分别是柱状南洋杉、南洋杉、诺福克南洋杉3种植物的树皮。

5.3　中国分类学文献中棕榈科枣椰属部分种类的订正与相应的古树的增补

枣椰属 *Phoenix* 共14种又1变种，即袖珍枣椰 *P. acaulis* Roxb.（也称无茎刺葵）、安达曼枣椰 *P. Andamanensis* S. Barrow、佛得角枣椰 *P. atlantica* A. Chev、矮丛枣椰 *P. caespitosa* Chiov、加那利枣椰 *P. canariensis* Chabaud（也称加那利海枣、长叶刺葵）、枣椰 *P. dactylifera* L.（也称波斯枣、番枣、海枣、无漏子、仙枣、伊拉克枣）、台湾枣椰 *P. loureiroi* Kunth（也称刺葵、糠椰、台湾海枣）、印度枣椰 *P. loureiroi* var. *pedunculata* (Griff.) Govaerts、湿生枣椰 *P. paludosa* Roxb.、四列羽枣椰 *P. pusilla* Gaertn.（也称锡兰海枣）、非洲枣椰 *P. reclinata* Jacq.、软叶枣椰 *P. roebelenii* O'Brien（也称罗比亲王海枣、江边刺葵、软叶刺葵）、岩枣椰 *P. rupicola* T. Anderson、橙枣椰 *P. sylvestris* (L.) Roxb.（也称银海枣、林刺葵）、克里特枣椰 *P. theophrasti* Greuter。我国共有2种，即台湾枣椰和软叶枣椰。《中国植物志》共收录5种，即 *P. acaulis*、*P. dactylifera*、*P. hanceana* (=*P. loureiroi*)、*P. roebelenii*、*P. sylvestris*。

Phoenix reclinata Jacq., Fragm. Bot.: 27. 1801. Lectotype: t. 24 in Jacq. Fragm. Bot. 1801.

Phoenix sylvestris auct. non Roxb.: S. Q. Tong in Fl. Reip. Pop. Sin. 13 (1): 8. 1991; S. Y. Chen, S. J. Pei & K. L. Wang in Fl. Yunnan. 14: 28. 2003.

凭证标本"陈三阳18821"（图5-23~图5-24）的活体材料（现存

中国科学院西双版纳热带植物园）源于从古巴引种的非洲枣椰 *Phoenix reclinata* 种子。由于该活体材料及其在古巴的母株被错误鉴定，导致文献 [36～39] 一直将该种植物鉴定为 *P. sylvestris*。因而，虽然至90年代初期在大陆仍难以见到 *P. sylvestris*，但《中国植物志》已收录了 *P. sylvestris*。

枣椰属是棕榈科中唯一羽片内向折叠且羽片先端尖的类群，故非常容易与其他属相区分。但该属的部分种类彼此难以区分，而种间易杂交更增加了鉴定的难度。例如，McCurrach在文献 [40] 中将 *Phoenix canariensis* 的图片误作 *P. sylvestris*。但是，*P. reclinata* 和 *P. sylvestris* 有明显的差别。*P. reclinata* 为丛生型（茎干基部总能分蘖），羽片背面沿中肋处具1行鳞秕（随着时间推移，鳞秕会逐渐脱落），雄株的花为淡黄色且花瓣先端呈齿状，种子较小（图5－23，图5－25～图5－26，图5－28）；而 *P. sylvestris* 为单干型，即茎干始终单一

图5-23、图5-24 被误订为*Phoenix sylvestris*的*P. reclinata*的凭证标本（陈三阳*18821*，HITBC）

Figs. 5-23 & 5-24 The specimen of *Phoenix reclinata* misidentified as *P. sylvestris* in *Flora Reipublicae Popularis Sinicae* (*S. Y. Chen 18821*, HITBC).
Photo: H. S. Liu.

图5-25 非洲枣椰的花

Fig. 5-25 The flower of *Phoenix reclinata*.
Photo: H. S. Liu.

图5-26 非洲枣椰的种子

Fig. 5-26 The seed of *Phoenix reclinata*.
Photo: H. S. Liu.

图5-27 非洲枣椰的羽片中部腹面的气孔

Fig. 5-27 The adaxial stoma at the middle of pinna of *Phoenix reclinata*.
Photo: L. M. Mao.

图5-23 图5-24

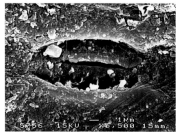

图5-25 图5-26 图5-27

图5-28 非洲枣椰
Fig. 5-28 The tree of *Phoenix reclinata*.
Photo: H. S. Liu.

无分蘖，羽片背面始终无鳞秕、雄花乳白色且花瓣先端全缘、种子较大（图5-29～图5-31）。两者叶片的气孔有明显差异（图5-27，图5-32）。它们的模式标本见附图V～附图IX。

图5-28

图5-29 橙枣椰

Fig.5 −29 The tree of *Phoenix sylvestris*.
Photo: H. S. Liu.

图5-30 橙枣椰的花

Fig.5-30 The flower of *Phoenix sylvestris*.
Photo: H. S. Liu.

图5-31 橙枣椰的种子

Fig.5-31 The seed of *Phoenix sylvestris*.
Photo: H. S. Liu.

图5-32 橙枣椰的羽片中部腹面的气孔

Fig.5-32 The adaxial stoma at the middle pinna
of *Phoenix sylvestris*.
Photo: L. M. Mao.

图5-29

图5-30

图5-31

图5-32

非洲枣椰 *Phoenix reclinata* 于1903年引种至台湾，于20世纪20年代初期引种至厦门鼓浪屿作为庭园装饰植物，而 *P. sylvestris* 于1909年引种至台湾，于20世纪90年代中期才引至厦门作为行道树，但其数量已经远远超过 *P. reclinata*。

基于文献 [41] 的订正，确认位于鹿礁路7号的枣椰属植物是非洲枣椰 *Phoenix reclinata* Jacq.，根据引种时间、引种材料确认其为树龄102年的古树，系内地最早引种的非洲枣椰。

5.4　中国分类学文献中棕榈科蒲葵属的分类修订与该属古树的增补

蒲葵属 *Livistona* 共36种。《中国植物志》共收录3种，即 *Livistona chinensis*、*L. saribus*、*L. speciosa*。《Flora of China》也收录3种，即 *Livistona chinensis*、*L.saribus*、*L. jenkinsiana*。

Livistona speciosa Kurz.in J. Asiat.Soc.Bengal 43 (2)：204. 1874. Type：Burma, Pegu Yomas, Chounmenahchy, Feb. 1871, *Kurz 3330 & 3331* (holotype, B, destroyed；isotypes, BM!, K).

Livistona saribus auct. non (Lour.) Merr. ex A. Chev.；Institute of Botany, Guangdong Province, Fl. Hainan. 4：160.1964；S. J. Pei & S. Y. Chen in Fl. Reip. Pop. Sin. 13 (1)：27. 1991；X. Q. Li & L. K. Lin in Fl. Fujian. 6：383. 1995；S. Y. Chen et al. in Fl. Yunnan. 14：14. 2003.

Livistona jenkinsiana auct. non Griff.；A. Henderson, Palms S. Asia；133. 2009；S. J. Pei et al. in Fl. China 23：147.2010.

侯宽昭在50多年前曾就标本"S. K. Lau 27175"（KUN 0735064）（图5－33）的同号标本"刘心祈27175"（IBSC 0639164）（图5－34）的鉴定有所怀疑，但未引起足够重视，文献 [38～39，42～43] 一直将 *Livistona saribus*、*L. speciosa*相混。文献 [43] 给出了 *L. chinensis*、

图5-33、图5-34 被误订为*Livistona saribus*的*L. speciosa*的两份标本"*S. K. Lau 27175*"(KUN 0735064）和"刘心祈27175"（IBSC 0639164）

Fig.5-33 & Fig.5-34 The specimen "*S. K. Lau 27175*" (KUN 0735064) of *Livistona speciosa* misidentified as *L. saribus* by the authors of Palmae in Flora Reipublicae Popularis Sinicae in 1988 and the same specimen (IBSC 0639164) misidentified as *L. saribus* by F. C. How in 1957.
Photo: H. S. Liu.

图5-35 *Livistona saribus*（左）和*Livistona speciosa*（右）的果实

Fig.5-35 Comparison of fruits of *Livistona saribus* (left) with *L. speciosa* (right).
Photo: H. S. Liu.

图5-36 大叶蒲葵（上）和美丽蒲葵（下）的果核

Fig.5-36 Comparison of cores of *Livistona saribus* (above) with *L. speciosa* (below).
Photo: H. S. Liu.

图5-37 大叶蒲葵的叶（上）和美丽蒲葵的叶（下）

Fig.5-37 Comparison of leaves of *Livistona saribus* (above) with *L. speciosa* (below).
Photo: H. S. Liu.

图5-38 美丽蒲葵

Fig.5-38 The trees of *Livistona speciosa*.
Photo: H. S. Liu.

 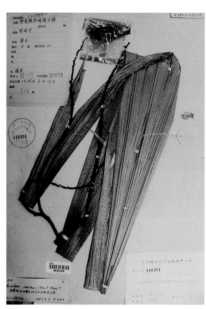

图5-33　　　　　　　　　　图5-34

图5-35

L. saribus、*L. speciosa* 的检索表。在该检索表中，*L. saribus* 的果实最长，为3～3.5cm，而 *L. speciosa* 的果实长2.3～2.5cm。事实上，*L. speciosa* Kurz 的果实为卵形、椭圆形至倒卵形，长2.5～3.5cm，是这3种植物中果实最大的，而*L. saribus* (Lour.) Merr. ex A.Chev. 的果实近球形至球形，直径为1～1.8cm（图5-35）；*L. saribus* 的果核（即带有内果皮的种子）较扁（图5-36），即 E_M（果核横轴最大长度）/P（果核纵轴长度）≥ 1，而*L.speciosa* 的 $E_M/P < 1$ [44]。

蒲葵属中仅大叶蒲葵 *Livistona saribus* 和多肋蒲葵 *L. exigua* J. Dransf. 的成龄株的叶身不均等地深裂为数折裂片后再分裂为单折裂片，故很容易与美丽蒲葵 *L. speciosa* 相区分。尽管 *L. cochinchinensis* (Lour.) Mart.很早就被作为 *L. saribus* 的异名，但

图5—36

图5—37

图5—38

图5-39 大叶蒲葵

Fig. 5-39 The trees of *Livistona saribus*.
Photo: H. S. Liu.

图5-39

由于文献 [43] 将 *L. saribus* 和 *L. speciosa* 相混，故认为具有多折裂片的 *L. cochinchinensis* 不应归入 *L. saribus*，且将 *L. fengkaiensis* X.W.Wei & M.Y.Xiao（模式标本见附图 X）误订为 *L. saribus* 的异名。文献 [45] 虽将 *L. fengkaiensis* 作为 *L.speciosa* 的异名，但并未注意到文献 [43] 将 *L. saribus* 和 *L. speciosa* 相混。*L. speciosa* 的裂片浅裂、先端坚挺，而 *L.saribus* 的裂片深裂、先端下垂（图5-37~图5-39）。它们的模式标本见附图XI，附图XII。

文献 [46] 基于文献 [47~48] 将 *Livistona speciosa* 处理为 *L. jenkinsiana* Griff.的异名。事实上，它们差别很大，其中，肾果蒲葵 *Livistona jenkinsiana* Griff.（模式标本见附图 XIII）的果实近球形至肾形[49]。

基于文献 [44]，确认鼓浪屿福建路32号内的两株蒲葵属植物（图4-67）为圆叶蒲葵 *L. rotundifolia* (Lam.) Mart.。根据引种时间、引种材料确认其为树龄102年的古树。这两株是内地最早引种且最高的圆叶蒲葵。

图5-40 火焰树古树的叶
Fig.5-40 The leaves of the ancient tree of *Spathodea campanulata*.
Photo: H.S.Liu.

图5-41 火焰树古树的花
Fig.5-41 The flower of the ancient tree of *Spathodea campanulata*.
Photo: H.S.Liu.

5.5　火焰树的确认及古树增补

据建筑专家白家欣老先生介绍，笔山路有一株林文庆先生（厦

图5-40　　　　　　　　　　　　　　图5-41

图5-42 火焰树古树

Fig.5-42 The ancient tree of of *Spathodea campanulata*.
Photo: H. S. Liu.

门大学第二任校长）于1908年从菲律宾引种的植物，虽经多方求证，但树名一直不详。该树的羽状复叶对生，很可能系紫葳科的火焰树属 *Spathodea* 的植物。《中国植物志》认为火焰树属约有20种，《Flora of China》未收录该属，根据文献 [50]，该属仅火焰树1种植物。后采集到花，并与存放在邱园的模式标本（附图XIV）比较，确认该植物（图5-40～5-42）系 *Spathodea campanulata* Beauv.。此树是迄今为止

图5-42

所确认的鼓浪屿唯一的古树与名木。

5.6　加勒比合欢的正名及名木增补

位于厦门华侨亚热带植物引种园花圃有2株由海外华侨于20世纪60年代初期引种的豆科植物（图5－43、图5－44），它们一直被视作 *Piptadenia macrocarpa*，在厦门华侨亚热带植物引种园的《引种植物名录》（1988）中被称为"大果红心木"。经与葡语版《Árvores Brasileiras：Manual de Identifição e Cultivo de Plantas Arbóreas Nativas do Brasil》[51] 中的原植物比较，确认该学名有误。经1年的跟踪，于2009年7月采集到花（果实于更早一年采集到）（图5-45～5-46）。经鉴定，并和邱园的模式标本（附图XV）比较，确认这2株植物系加勒比合欢 *Albizia niopoides* (Spruce ex Benth.) Burkart。此系国内对 *A. niopoides* 的首次确认。

加勒比合欢在其原产地高10～25m，稀达30m，而这两株加勒比

图5-43 加勒比合欢
Fig.5-43 The two trees of *Albizia niopoides*.
Photo: H. S. Liu.

图5-43

图5-44 加勒比合欢的树皮
Fig. 5-44 The bark of *Albizia niopoides*.
Photo: H. S. Liu.

图5-45 加勒比合欢的果实
Fig. 5-45 The fruits of *Albizia niopoides*.
 Photo: H. S. Liu.

图5-46 加勒比合欢的叶片、花
Fig. 5-46 The leaves and flowers of *Albizia niopoides*.
Photo: H. S. Liu.

图5-44

图5-45

图5-46

合欢高达29m，不仅是鼓浪屿最高的植物，也几乎是最高的加勒比合欢。它们能开花结实，且种子能发芽并正常生长。因而，这2株加勒比合欢不仅有独特的景观价值，也有重要的科研价值。此外，这2株加勒比合欢引种于20世纪50年代末至60年代初期我国的"三年困难时期"，至今已半个世纪，故具有历史价值。综上所述，将这2株加勒比合欢增补为名木。对其保护不仅是对华侨爱国的一种最好的纪念，也表明了我国打破霸权主义封锁的决心与能力。

附 录

分类订正的模式标本

附录　分类订正的模式标本

附图Ⅰ　桃花心木的后选模式。Wisconsin–Madison大学图书馆提供

Fig. Ⅰ　The lectotype of *Swietenia mahagoni*. Courtesy of University of Wisconsin-Madison Libraries.

附图Ⅱ　大叶桃花心木的主模式（*King s.n*, K）。T．D．Pennington提供

Fig. Ⅱ　The holotype of *Swietenia macrophylla* (*King s.n.*, K).
Photo: T. D. Pennington.

附图Ⅲ　诺福克南洋杉的后选模式（*P. G. King s.n*, G）。A．Farjon提供

Fig. Ⅲ　The lectotype of *Araucaria heterophylla* (*P. G. King s.n.*, G).
Photo: A. Farjon.

附图Ⅳ　南洋杉的后选模式（*A. cunningham s.n*，K）（仅图中左侧的球果及相连部分）。A．Farjon提供

Fig. Ⅳ　The lectotype of *Araucaria cunninghamii* (*A. cunningham s.n.*, K) (only seed cone and the branchlet attaching seed cone in the left of picture).
Photo: A. Farjon.

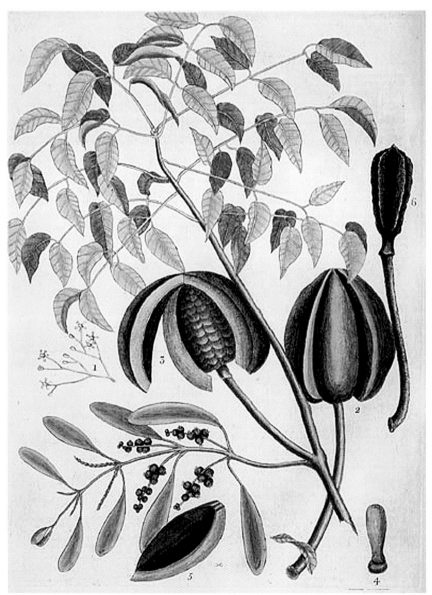

附图 Ⅰ

附图 II

附图 III

附图 IV

附图 V

附图 VI

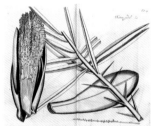

附图 VII

附图 VIII

附图 V—附图 VIII　橙枣椰的后选模式。MBG提供

Fig. V — Fig. VIII The lectotype of *Phoenix sylvestris*. Courtesy of MBG.

附图 IX　非洲枣椰的后选模式。MBG提供

Fig. IX The lectotype of *Phoenix reclinata*. Courtesy of MBG.

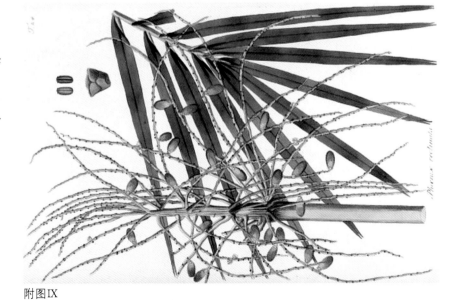

附图 IX

附图 X

附图 XI

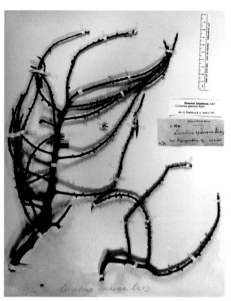

附图 XII

附图 XIII

附图 XIV

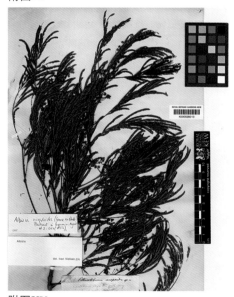

附图 XV

附图 X　封开蒲葵的模式标本

Fig. X　The type of *Livistona fengkaiensis* X. W. Wei & M. Y. Xiao.
Photo: H. S. Liu.

附图 XI　大叶蒲葵的等新模式（*Pierre 4837*，IBSC）

Fig. XI　The isoneotype of *Livistona saribus* (*Pierre 4837*, IBSC).
Photo: H. S. Liu.

附图 XII　美丽蒲葵的等模式（*Kurz 3331*，BM）。J. L. Dowe提供

Fig. XII　The isotype of *Livistona speciosa* (*Kurz 3331*, BM).
Photo: J. L. Dowe.

附图 XIII　扁果蒲葵的主模式（*Jenkins s.n*，BR）。J. L. Dowe提供

Fig. XIII　The holotype of *Livistona jenkinsiana* (*Jenkins s.n*, BR).
Photo: J. L. Dowe.

附图 XIV　火焰树的主模式（*Ansell s.n*，K）。K提供

Fig. XIV　The holotype of *Spathodea campanulata* (*Ansell s.n*,K). Courtesy of K.

附图 XV　加勒比合欢的后选模式（*Spruce 1088*，K）。K提供

Fig. XV　The lectotype of *Albizia niopoides* (*Spruce 1088*，K). Courtesy of K.

参 考 文 献

参考文献

[1] 国家林业局. 全国古树名木普查建档技术规定 [EB/OL]. http：//www. forestry. gov.cn, 2007-04-19.

[2] 刘海桑. 观赏棕榈 [M]. 北京：中国林业出版社，2002.

[3] 刘海桑. 棕榈植物的造景艺术 [J]. 中国园林，1999，15 (3)：19-22.

[4] 国家林业局. 中国树木奇观 [M]. 北京：中国林业出版社，2003.

[5] 蓝淑珍，钟跃庭，刘海桑. 圆叶蒲葵造景探析 [J]. 福建热作科技，2009，34 (3)：44-45，14.

[6] 李沛琼，冯惠玲，谢海标，王勇进. 深圳特区古树名木 [M]. 北京：中国林业出版社，1997.

[7] 刘海桑，王文卿，林晞. 鼓浪屿——奇树名木的乐园 [J]. 植物杂志，2001，(4)：24-26.

[8] 池敏杰，刘海桑，游思洋，陈清智，林晞，王文卿. 古榕树健康诊断初探 [J]. 亚热带植物科学，2010，39 (3)：21-23.

[9] 李晓，冯伟，曾晓春. 叶绿素荧光分析技术及应用进展 [J]. 西北植物学报，2006，26 (10)：2186-2196.

[10] 钟跃庭，蓝淑珍，刘海桑. 红棕象甲危害的诊断与防治 [J]. 安徽农业科学，2009，37 (2)：644-645，704.

[11] 刘海桑，池敏杰. 圆叶蒲葵古树的复壮 [A]. 中国植物园，2012，15：125-127.

[12] Melville R. A List of True and False Mahoganies [J]. Bulletin of Miscellaneous Information (Royal Gardens, Kew). 1936, (3)：193-210.

[13] Rolfe R A. The True Mahoganies [J]. Bulletin of Miscellaneous Information (Royal Gardens, Kew). 1919, (4): 201-207.

[14] 侯宽昭, 陈德昭. 中国楝科志 [J]. 植物分类学报, 1955, 4 (1): 1-45, pl. Ⅰ-Ⅳ.

[15] 侯宽昭. 广州植物志 [M]. 北京: 科学出版社, 1956.

[16] 中国科学院植物研究所. 中国高等植物图鉴, (2) [M]. 北京: 科学出版社, 1972.

[17] 中国科学院昆明植物研究所. 云南植物志, (1) [M]. 北京: 科学出版社, 1977.

[18] 黄茂先. 楝科. In: 广东植物志, (2) [M]. 广州: 广东科技出版社, 1991.

[19] 陈邦余. 楝科. In: 中国植物志, 〔43 (3)〕 [M]. 北京: 科学出版社, 1997.

[20] 陈邦余. 楝科. In: 中国高等植物, (8) [M]. 青岛: 青岛出版社, 2001.

[21] 陈锡沐, 梁宝汉, 李秉滔. 广东楝科植物分类的初步研究 [J]. 武汉植物学研究, 1986, 4 (2): 167-194.

[22] Peng H, Mabberley D J. *Swietenia.* In: Flora of China, (11) [M]. Beijing: Science Press; St. Louis: Missouri Botanical Garden Press, 2008.

[23] 刘海桑, 池敏杰. 中国分类学文献中*Swietenia mahagoni*之订正 [J]. 植物研究, 2010, 30 (6): 660-663.

[24] 胡先骕. 经济植物手册, (上册) [M]. 北京: 科学出版社, 1955.

[25] 郑万钧. 中国树木学, (1) [M]. 南京: 江苏人民出版社, 1961.

[26] 郑万钧, 傅立国. 南洋杉科. In: 海南植物志, (1) [M]. 北京: 科学出版社, 1964.

[27] 中国科学院植物研究所. 中国高等植物图鉴, (1) [M]. 北京: 科学出版社, 1972.

[28] 郑万钧, 傅立国, 诚静荣. 中国裸子植物 [J]. 植物分类学报, 1975, 13 (4): 56-89, pl. 1-17.

[29] 江苏省植物研究所. 江苏植物志 [M]. 南京: 江苏人民出版社, 1977.

[30] 郑万钧, 傅立国. 南洋杉科, In: 中国植物志, (7) [M]. 北京: 科学出版社, 1978.

[31] 郑万钧，傅立国，朱政德，火树华. 南洋杉科. In：中国树木志,(1) [M].
北京：中国林业出版社，1982.

[32] 傅立国. 南洋杉科. In：中国高等植物,(3) [M]. 青岛：青岛出版社,
2000.

[33] Fu L K, Li N, Mill R R. Araucariaceae. In：Flora of China, (4)
[M].
Beijing：Sciencez Press；St. Louis：Missouri Botanical Garden Press,
1999.

[34] Liu H S, Liu C Q. Revision of two species of *Araucaria* (Araucariaceae)
in Chinese taxonomic literature [J]. J Syst Evol, 2008, 46 (6)：933 –
937.

[35] 刘海桑. 柱状南洋杉，鼓浪屿的名木 [J]. 仙湖, 2010, 9 (2)：34 – 35.

[36] 中国科学院云南热带植物研究所. 西双版纳植物名录 [M]. 昆明：云南民
族出版社，1984.

[37] 童绍全. 刺葵属. In：中国植物志,〔13 (1)〕 [M]. 北京：科学出版社,
1991.

[38] 李晓青，林来官. 棕榈科. In：福建植物志,(6) [M]. 福州：福建科学技
术出版社，1995.

[39] 陈三阳，裴盛基，王慷林. 棕榈科. In：云南植物志,(14) [M]. 北京：科
学出版社，2003.

[40] McCurrach, J C. Palms of the World [M]. New York：Harper &
Brothers, 1960.

[41] Liu H S, Mao L M, Johnson D V. A Morphological Comparison of
Phoenix reclinata and *P. sylvestris* (Palmae) Cultivated in China and
Emendation of the Chinese Taxonomic Literature [J]. Makinoa N S,
2010, 8：1 – 10.

[42] 广东省植物研究所. 海南植物志,(4) [M]. 北京：科学出版社，1964.

[43] 裴盛基，陈三阳. 蒲葵属. In：中国植物志,〔13 (1)〕 [M]. 北京：科
学出版社，1991.

[44] 刘海桑. 中国分类学文献中*Livistona saribus*之订正 [J]. 武汉植物学研

究,

　　2010, 28 (2): 239－242.

[45] Dowe J L. A Taxonomic account of *Livistona* R. Br. (Arecaceae) [J].
　　Gard Bull Sing, 2009, 60: 85－344.

[46] Pei S J, Chen S Y, Guo L X, Henderson A. Arecaceae. In: Flora of
　　China, 23 [M]. Beijing: Science Press; St. Louis: Missouri Botanical
　　Garden Press, 2010.

[47] Govaerts R, Dransfield J. World Checklist of Palms [M]. Richmond:
　　Royal Botanic Gardens, Kew, 2005.

[48] Henderson A. Palms of Southern Asia [M]. New Jersey: Princeton
　　Univ. Press, 2009.

[49] Liu H S. Taxonomic notes on *Livistona* (Palmae) in Flora of China [J].
　　植物研究, [J]. 植物研究, 2011, 31 (6): 644－648.

[50] Mabberley D J. Mabberley's plant-book: A portable dictionary of
　　plants, their classifications, and uses, Ed. 3 [M]. Cambridge: Cambridge
　　Univ. Press, 2008.

[51] Lorenzi H. Árvores Brasileiras: Manual de Identificação e Cultivo de
　　Plantas Arbóreas Nativas do Brasil, (1), Ed. 4 [M]. Nova Odessa,
　　SP: Instituto Plantarum de Estudos da Flora, 2002.